你好，
二十四节气（下册）

节气里的乡土中国文化研究课题组　编

科学出版社　龙門書局

北京

内 容 简 介

《你好，二十四节气》一书旨在引导中小学生探索节气文化奥秘，丰富真实的节气生活，为教师提供讲解节气课程的有力工具。

本书是其中的下册，共十二个节气。书中节气知识介绍科学严谨，节气体验形式多样，选文选曲经典隽永，插图设计童稚生动。多学科融合，充分体现节气文化的本地化和当代化。当然，本书更多的意义在于，可以让读者在岁时节令的饮食、游戏和习俗里，在清明放水、龙舟竞渡、月下团圆、贴春联、赏年画里，体验节令生活的动人与多彩。

本书适合中小学生（特别是3～7年级学生）阅读，语文、科学、综合实践等各学科教师可选用，也适合亲子阅读以及对节气文化感兴趣的其他读者。

图书在版编目（CIP）数据

你好，二十四节气. 下册 / 节气里的乡土中国文化研究课题组编. — 北京 ：龙门书局，2020.6（2022.8重印）
ISBN 978-7-5088-5715-2

Ⅰ. ①你… Ⅱ. ①节… Ⅲ. ①二十四节气—普及读物 Ⅳ. ①P462-49

中国版本图书馆CIP数据核字（2020）第044471号

责任编辑：钟文希　侯若男／责任校对：彭　映
责任印制：罗　科／封面设计：墨创文化

科 学 出 版 社
龙 门 书 局　出版
北京东黄城根北街16号
邮政编码：100717
http://www.sciencep.com

四川煤田地质制图印刷厂印刷
科学出版社发行　各地新华书店经销

*

2020年6月第 一 版　　　开本：787×1092　1/16
2022年8月第四次印刷　　　印张：10　1/2
字数：249 000

定价：50.00元
（如有印装质量问题，我社负责调换）

文化里流淌的
清风明月

　　仰望上下五千年中华传统文化的浩瀚星空，"二十四节气"是其中一颗耀眼的星。它关乎华夏先民对宇宙的认识、对农耕的安排、对命运的探索、对顺天应时的直觉。望霄汉苍茫，观斗转星移，感四时变幻，见草木枯荣……"天时地利人和"，古人将生产生活和自然时节融合在一起，体现了天人合一的思想。而二十四节气，正是观照天象、关乎人类的自然时序的二十四个"刻度"。

　　"清明时节雨纷纷，路上行人欲断魂"，"清明"的纷纷细雨使祭拜缅怀之情更加浓郁；"纷纷红紫已成尘，布谷声中夏令新"，声声布谷鸟叫，迎接夏季来临；"露从今夜白，月是故乡明"，"白露"的月色平添了几缕游子思乡的情愫；"行过冬至后，冻闭万物零"，"冬至"一过，天寒地冻，万物凋零……

　　"节气"在古人的智慧里光芒闪烁，而现今的人们听到或看到"节气"两个字，首先会想到什么呢？是一些关于节气的知识，还是节气中的景象？是对季节变化的感受，还是对时光流转的感叹？或者，脑海中一片茫然，仅仅认识"节气"两个字，对它的丰富内容一无所知？但愿我们的回答不会是最后一项，至少我相信，孩子们在读了《你好，二十四节气》后不会是这样的回答。

　　其实，我们的生活，每一天都离不开节气。或者说，我们的生活，就流淌在一个个节气的时光里。二十四节气，是我们祖先通过对太阳周年运动的观测和自然界变化的长期观察所形成的时间知识体系，既是安排传统农业生产活动的重要准则，也是人们几千年来日常生活的重要指导，蕴含着丰富的生产生活习俗和传统文化内涵。因此，节气自产生之初，就与我们生产生活的各个方面息息相关，深刻影响着中华民族对自然、对生活和对世界的认识。

把节气当作对自然、对生活、对世界的尊重，把文化传承作为一种理念浸润在读本，厚植在课程，留存在孩子的心里，带给今天的孩子对节气不一样的认识，就是《你好，二十四节气》给我的印象。翻阅读本图文并茂的篇章，穿越节气更迭变换的时光，感受山野乡土的气息，如同穿行在一条条绿树成荫、繁花似锦的山间小道。这条小道，蜿蜒盘旋，景物千变万化，它通向现实生活，通向城市历史，通向传统文化，通向自然亘古的辽阔与丰茂，最后融会为孩子们发自肺腑的一句话："你好，二十四节气！"

美国作家西格德·F. 奥尔森说："假若我们真能捕捉到远古的辉煌，听到荒野的吟唱，那么混乱的城市就会成为宁静的处所，忙乱的进程就会缓缓与四季的节奏接轨，紧张就会由平静来取代。"同样，中国作家阿来道："杜甫、薛涛、杨升庵……几乎所有与这个城市（成都）历史相关的文化名人，都留下了对这个城市花木的赞颂，这些花木，其实与这座城市的历史紧密相关。驯化、培育这些美丽的植物，是人改造美化环境的历史。用文字记录这些草木，发掘每种花卉的美感，是人在丰富自己的审美，并深化这些美感的一个历程。"

是的，当我们回到生活本身，带着孩子去倾听节气的心语，体验天地间一草一木的呼吸，体会时光的流淌与美好，我们就会感受到"节气"的意味！成都的同行，通过课题研究，以体验和浸润的形式，以《你好，二十四节气》读本为载体，在现实生活中融入文化传承和自然体验，让"节气"在孩子的世界里美了起来。

美了生活。读本既有介绍节气知识的专题，又有引导师生共同参与的体验学习。"四模块"的文本架构（"节气概述""节气习俗""节气文化"和"节气实践"）强调"节气"的学习要有别于一般学科知识的学习，不局限于对节气知识进行"了解"，而是侧重调动各种感官，强调走进节气的"体验"学习和与节气实践相结合的"综合"学习。这种课程，就指向了体验，指向了实践，指向了生活，让节气与生活一起丰盈起来。

美了儿童。毋庸讳言，如今我们的孩子可能离传统的"节气"越来越远，离大自然越来越远。"二十四节气"课程，内容清浅，挖掘了生活中的物候现象、农事劳动、节庆民俗来介绍节气常识；根据节令特点，精心设计节气观测与实践活动，让儿童切切实实地感到，节气至今依然鲜活有用。从儿童的眼光来看待"节气"现象和民俗，从儿童的需求来开展节气课程，在课程中学习人与自然相处的哲学；在与大自然的连接中，将教育转化成真实的生命经验，并使之成为儿童内在自我的一部分，让儿童的成长有了传承的厚重，有了生命的内涵。

美了文化。节气教育将研究性学习、社会实践等融合在具体的课程设计中。各章节均涉及文字、诗词、科学、艺术、民俗等内容，是语文、科学、美术、音乐等多学科的融合。以节气为线索把优秀的古诗词、文章（书籍）、乐典、民俗、活动体验以及特有的节气文化有机地串成整体，为学生打开了一扇认识优秀传统文化的窗户。这文化也包括地域文化，天府成都作为古蜀国的中心，千年不改城市名称，保留着很多自然的、人文的景致。读本中，天府文化元素突出，如草堂人日怀杜甫、都江堰清明放水、绵竹立春赏年画等，引导学生体验天府文化的乡土原貌、风土人情、良好生态，给学生打下家乡的烙印，留下家乡的味道，最终让文化在现实生活中熠熠生辉、富有魅力。

可以想象，在老师的带领下，孩子们循着二十四个节气一路"走"下去，在既漫长又短暂的一年中，在节气课程里徜徉的那种美好；可以想象，这座拥有着都江堰水利工程这一人类尊崇自然、化用自然典范的城市，他们对节气课程的实践，一定是自然的、生活的、诗意的。

重温二十四节气，在节气中感受生活的美好和时光的丰厚。让我们一道同行，来一段诗意浪漫、妙不可言的节气旅行和文化探寻吧！

胡泽学

2020年3月10日于北京

（中国农业博物馆研究部主任、研究员）

二十四节气
组图

立春

惊蛰

雨水

春分

小暑

大暑

白露

立秋

处暑

大雪

冬至

小寒

成都东站

iv

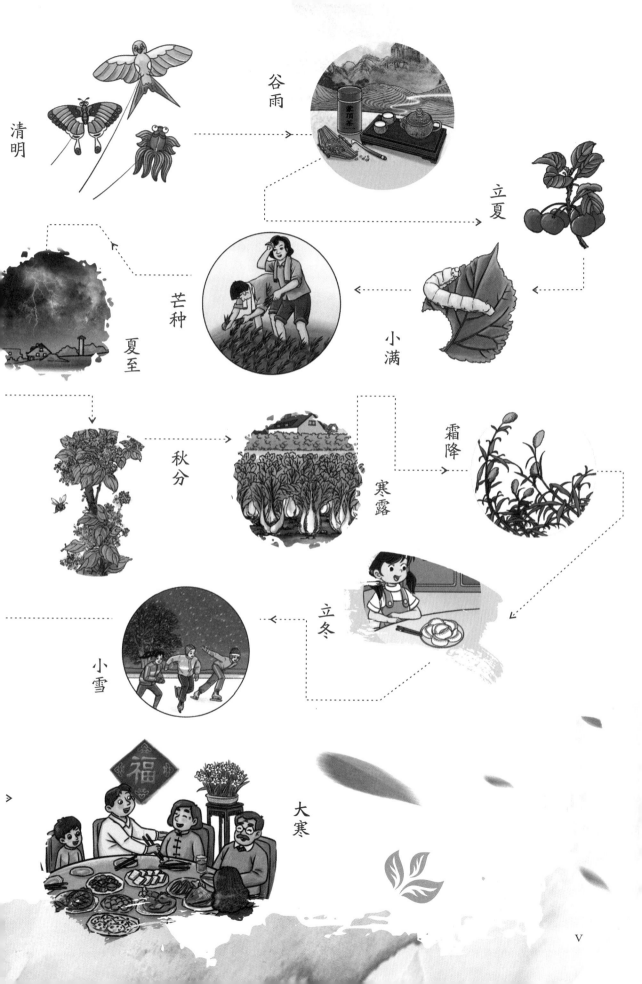

清明

谷雨

立夏

芒种

夏至

小满

秋分

寒露

霜降

立冬

小雪

大寒

目录 MULU

下册

秋

冬

节气常识知多少

　　中国的节气文化源远流长，秦汉时期二十四节气已完全确立，至今已经沿用了2000多年。在没有天气预报的中国古代，二十四节气扮演了相当重要的角色。在节气的指导下，中国人安排着自己的生产、生活。大部分时候，农民的播种、收获，都是以节气为依据的。

　　"二十四节气"在国际气象界被誉为中国的第五大发明。2006年，"二十四节气"经国务院批准列入第一批国家级人类非物质文化遗产（以下简称：非遗）项目。2011年，中国农业博物馆牵头编制联合国教科文组织非遗代表作名录申报材料；2014年，中国农业博物馆牵头成立二十四节气保护工作组，组织专家开展学术研究。2016年11月30日，中国"二十四节气"经联合国教科文组织批准列入非遗代表作名录。

1.什么是二十四节气？

　　二十四节气是中国人通过观察太阳周年运动而形成的时间知识体系及其实践。最早是以我国北方黄河流域的气候、物候为依据建立起来的。为适应农业生产等的需要，当地的人们通过对太阳、月亮、天气、物候等的长期观察，发现一年中时令、气候、物候等方面的变化规律，并结合农业生产特点，总结出一套适合该地区的"自然历法"，指导生活和从事农业生产。如巴蜀地区广为传唱的《节气百子歌》，就将当地的民间风俗和节气结合了起来。

节气百子歌

说个子来道个子，正月过年耍狮子。二月惊蛰抱蚕子，三月清明坟飘子。
四月立夏插秧子，五月端阳吃粽子。六月天热买扇子，七月立秋烧袱子①。
八月过节麻饼子，九月重阳醪糟子。十月天寒穿袄子，冬月数九烘笼子②。
腊月年关熏肉灌肠子。

①烧袱：中元节时为祖先亡灵烧冥钱。
②烘笼：一种竹编、装炭取暖的家庭生活用具。

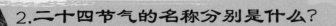

2.二十四节气的名称分别是什么？

二十四节气歌

春雨惊春清谷天，
夏满芒夏暑相连。
秋处露秋寒霜降，
冬雪雪冬小大寒。

春	夏	秋	冬
立春	立夏	立秋	立冬
雨水	小满	处暑	小雪
惊蛰	芒种	白露	大雪
春分	夏至	秋分	冬至
清明	小暑	寒露	小寒
谷雨	大暑	霜降	大寒

"二十四节气"中，"四立、二分、二至"体现的是季节(时令)，惊蛰、清明、小满、芒种反映的是物候现象，而余下的节气则反映了气候变化。节气之中，人们还能够辨别气候的渐变次序。例如，从小暑、大暑到处暑，再到小寒、大寒，可以清楚地感知不同时期的寒热程度。节气中的"小满""芒种"暗示着"二十四节气"的形成与传统的农业生产生活密不可分。

3.二十四节气是如何制定的？

二十四节气的形成与太阳有着密切的关系。

"地球绕着太阳转，绕完一圈是一年。一年分成十二月，二十四节紧相连。"

二十四节气是根据太阳在黄道（即地球绕太阳公转轨道在天球上的投影）上的位置变化而制定的。太阳从春分点出发，每前进15°为一个节气；运行一周又回到春分点，为一回归年，合360°。这样，全年定出二十四等分，定出"立春""惊蛰"等十二个"节"（逢单的为节气，简称为"节"），"雨水""春分"等十二个"气"（逢双的为中气，简称为"气"），统称为二十四节气。

太阳通过每一段的时间相差不多，因此每个节气的时间也相差很少。二十四节气在现行的公历中日期基本固定，上半年节气在6日、中气在21日，下半年节气在8日、中气在23日，前后不过相差1~2天。为了方便记忆，人们还用两句口诀来表达这种情况：上半年来六、廿一，下半年来八、廿三。

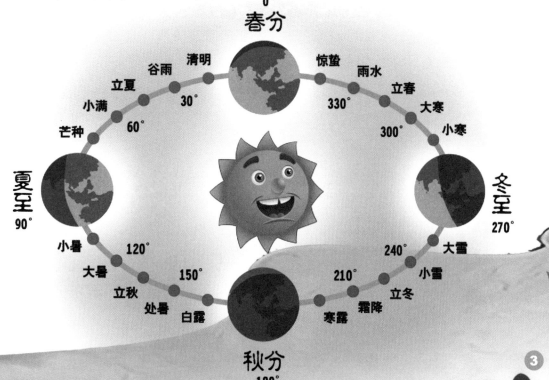

4.什么是节气三候？

人们把"五天"称为"一候"，"三候"即15天，刚好为一个节气，一年共有二十四节气七十二候。古代先民根据当时的气候特征和一些特殊的自然现象，给每个节气的"三候"分别起了名字，用来简洁明了地表示当时的物候等特点。

5.二十四节气的特征是固定不变的吗？

"二十四节气"形成于北纬30°～40°的中国黄河流域，后逐步为全国各地所采用，并为多民族所共享。

但是，时至今日，物候的年代差异、地区差异非常明显，七十二候物语，无法适用于所有地区和年代。本书各章节所涉及的节气习俗、谚语、食单、文化链接等，也不局限于黄河流域。我们传承和弘扬二十四节气，需要不断丰富、完善它。

秋
QIU

白露

秋分

寒露

处暑

立秋

霜降

立秋是"二十四节气"中的第十三个节气。每年公历8月7、8或9日，太阳达到黄经135°时，进入立秋节气。

　　《月令七十二候集解》："秋，揪（jiū）也，物于此而揪敛（liǎn，收敛）也。"意味着禾谷开始成熟，草木开始结果孕子，收获的季节到了。古人认为秋属金，故"金秋"中的"金"便是指这五行中象征着肃杀、收敛的"金"，而非谷田、黄叶的灿灿金色。

lì qiū
立秋

节气概述

节气字源

甲骨文	金文	小篆	楷书
𡘋	𡘋	𡗶	立

甲骨文	金文	小篆	楷书
𧓲	𧓲	𥝒	秋

　　甲骨文的"秋"本义是庄稼成熟。上半部分像蟋蟀，秋至而蟋蟀鸣，借以表达秋天的时间概念。下半部分是"火"，意味着用火焚烧秸秆，顺便消灭害虫。

节气三候

一候

凉风至

　　立秋之后仍然热，但早晚的风会带来丝丝凉意。此时的风已不同于暑天中的热风。

二候

白露降

昼夜温差使空气中的水蒸气于清晨在庄稼及室外器物上，凝结成一颗颗晶莹的露珠。

三候

寒蝉鸣

这时候的蝉，食物充足，温度适宜，在微风吹动的树枝上得意地鸣叫。

节气习俗

贴秋膘

民间流行在立秋这天以悬秤称人，将体重与立夏时对比。因为在炎热的夏季，人们往往因为"苦夏"而没什么胃口，两三个月下来，体重大都要减轻一点。秋风一起，人往往胃口大开，想吃点好的，增加一点营养，补偿夏天的损失，补的办法就是"贴秋膘"，即在立秋吃炖肉、烤肉、红烧肉等，"以肉贴膘"。

此外，立秋的习俗还有"咬秋""啃秋""吃渣"等。

贴秋膘

节气食单

蒜泥茄子

相传明朝大将常遇春打下元大都之后，手下兵偷了农民的一个香瓜。常遇春治兵严格，要将其处死。这时，有农民说元大都有习俗，立秋拾瓜不算偷，于是士兵得到了赦

免。为犒劳士兵，常遇春还找到了贴秋膘的替代品——蔬菜中唯一有肉感和肉味的茄子。于是，立秋吃茄子的民俗就流传了下来。

制作方法

①茄子切成条，蒸锅里的水烧开。

②将茄子上锅蒸，大火蒸4～5分钟。取出晾凉。

③大蒜加少许盐捣成泥，小锅里倒一点油烧热浇入蒜泥中。

④加入其他调料拌匀即可。

节气文化

节气诗词

秋词（其一）

〔唐〕刘禹锡

自古逢秋悲寂寥①，

我言秋日胜春朝②。

晴空一鹤排③云上，

便引诗情到碧霄④。

【注】

①悲寂寥（liáo）：悲叹萧瑟、空寂。
②春朝（zhāo）：春天。
③排：推开。
④碧霄：青天。

【白话译文】

每当秋天来临，人们总会悲叹秋天的萧瑟与空寂，我却认为秋天的美好远远胜过春天。清爽的秋日，晴空万里，一只仙鹤推开层云，直冲云霄，也引发我的诗兴跟着飞上青天。

立秋

〔宋〕刘翰

乳鸦啼散玉屏空，一枕新凉一扇风。

睡起秋声无觅处，满阶梧桐月明中。

初秋

〔唐〕孟浩然

不觉初秋夜渐长，清风习习重^{chóng}凄凉。

炎炎暑退茅斋静，阶下丛莎有露光。

古人为什么"悲秋"

在中国人的文化里，处处可见悲秋情结，无数骚人墨客的作品，把秋天描绘成一个萧瑟、凄凉的季节，让秋天总与凄凉、悲痛、忧愁、苦闷联系在一起。

在我国最早的诗歌总集《诗经》中，秋天是一幅"蒹葭苍苍，白露为霜"的苍凉而充满寒意的图景。宋玉在《九辩》中流露"悲哉，秋之为气也！萧瑟兮草木摇落而变衰"的悲慨，开启了文人悲秋的先河。其后，这种悲秋情结便层出不穷。杜甫《登高》中的"万里悲秋常作客，百年多病独登台"抒发了诗人伤时忧国、老病孤独、壮志难酬的复杂感情。柳永在"对潇潇暮雨洒江天，一番洗清秋"的凉意中，同样为我们描绘了一幅令人伤感的惨淡秋景。被誉为"秋思之祖"的马致远用"枯藤老树昏鸦，小桥流水人家，古道西风瘦马，夕阳西下，断肠人在天涯"，极凝练的28个字，勾勒出一个天涯游子在秋日黄昏中茫然、孤独、疲惫、感伤、无奈的情态。

作为一种物候现象，古人为什么会"自古逢秋悲寂寥"呢？

原来，华夏民族自古以农耕为基本生存方式。在长期的农耕生活过程中，古人发现植物按季节更替，呈现出春生、夏荣、秋凋、冬残的生命周期。而人的生生死死也如自然一样，按春秋代序，有生机勃发的青年、精力强旺的中年、年老体衰的暮年，也有生命断灭的人生终点。当秋天到来，万物经夏日的繁茂由盛转衰，绿草枯萎变黄，树叶飘飘落

下……原来喧闹的生命世界变得萧条，人们自然会触景悲怀，推物及己，由此联想到自我生命短暂，人生终点将近，生发出"逝者如斯"的感慨。

由此可见，以农耕生活为主的古代文化观念中，"秋"并不是一种纯客观的物候现象和农时季节，而是包含了丰富的时间意识，成为时间将尽、生命临终的象征。在这种文化心理下，秋最能汇聚多愁善感的古代诗人的人生感悟，引发他们强烈的生命感动，使他们触秋生悲。

因此，在我国的古典文学作品中，"悲秋"就成为备受文人青睐的创作主题。古人眼中的秋山秋水、秋草秋木、秋鸟秋虫，乃至于秋风秋月、秋思秋绪都会沾染上或浓或淡的愁苦情思。

节气谚语

立秋有雨样样收，立秋无雨人人忧。

早立秋凉飕飕，晚立秋热死牛。

节气实践

节气民俗体验

啃秋吃渣

▶ （1）了解"啃秋"习俗的来历，和父母一起"啃秋"。

▶ （2）和父母一起制作"豆渣"美食。

▶ （3）把自己"啃秋吃渣"的经历用照片记录下来，形成节气笔记。

节气观测

▶ **节气测量**：测量立秋节气的温度，了解气温的变化情况。连续记录一周。

▶ **节气笔记**：刚刚立秋，酷热未过，俗话说，"一叶落而知秋"，那梧桐是否已在落叶报秋了？立秋之后的热与夏季的热有什么不同？把你的观察记录下来吧。

节气阅读

学唱歌曲：《一字诗》（谷建芬 曲）

乐曲欣赏：《平湖秋月》（钢琴独奏）

阅读绘本：《一片叶子落下来》（［美］利奥·巴斯卡利亚）

阅读散文：《秋天的况味》（林语堂）——作者以闲适的心境看秋，秋不悲寂，所有的是"月正圆，蟹正肥，桂花皎洁"，全然一派喜色。

处（chǔ）暑是"二十四节气"中的第十四个节气。每年公历8月22、23或24日，太阳到达黄经150°时，进入处暑节气。

《月令七十二候集解》："处，止也，暑气至此而止矣。""处"是终止的意思，"处暑"即"出暑"，是温度下降的一个转折点，炎热即将过去，暑气开始减退。白天热，早晚凉，温差大，北方秋高气爽，南方仍有"秋老虎"（立秋后短期回热的天气）。

chǔ　shǔ

处 暑

二十四节气之14

节气概述

节气字源

甲骨文	金文	小篆	楷书		小篆	楷书

金文的"处",像一个人倚着"几"（小桌子）休息的样子，本意是暂止。

节气三候

一候

鹰乃祭鸟

　　这时节，可供鹰捕食的对象增多。鹰会把猎物摆放在地上，好像陈列祭品一样，如同人们感恩祭天。

二候

天地始肃

处暑节气中间阶段，气温开始下降，大地有了凉气，一些草木逐渐发黄，有了肃杀之气。

三候

禾乃登

"禾"是黍（shǔ）、稷（jì）、稻、粱等谷类作物的总称，"登"即成熟，指开始秋收。

21

节气习俗

放河灯

在二十四节气中，处暑的存在感并不强。有时，处暑得依靠和它日子接近的中元节来增加自己的知名度。

河灯

民间庆赞中元节的民俗活动大致有二。一是祭祀亡故亲人，俗称"七月半"。人们用放河灯的方式，悼念逝去的亲人，也普度水中的落水鬼，为亡魂照路，亦称"鬼节"。二是祭祀祖先。此时若干农作物成熟，人们用新米等祭供祖先，并请老祖宗尝鲜。

民间处暑还有"处暑吃鸭""迎秋""开渔节"等习俗。

节气食单

处暑鸭

老鸭味甘性凉，能很好地防秋燥，民间多有吃处暑鸭的习俗。

处暑鸭吃法多样：白切鸭、柠檬鸭、子姜鸭、烤鸭、荷叶鸭、核桃鸭等五花八门。

制作方法

①将鸭子洗净；新鲜百合洗净，滤干，待用。

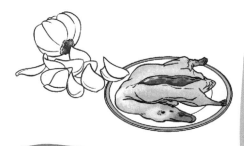

②将掏空内脏的鸭子放入大砂锅中，背朝下，腹朝上，将百合放入鸭肚内。

③淋上适量黄酒，加盐10克，最后将鸭头弯入腹内；加水没过鸭子。

水

黄酒 盐

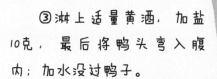

④大火煮开后，小火慢炖，至鸭肉酥烂时离火。

节气文化

节气诗词

秋夕①

〔唐〕杜牧

银烛②秋光冷画屏③，

轻罗小扇④扑流萤。

天阶⑤夜色凉如水，

坐看牵牛织女星⑥。

【注】

①秋夕：秋天的夜晚。

②银烛：晶莹洁白的蜡烛，喻指明亮的灯光。

③画屏：画有图案的屏风。

④轻罗小扇：轻巧的丝质团扇。

⑤天阶：露天的石阶。

⑥牵牛织女星：两个星座的名字。

【白话译文】

初秋时节，屋内烛光摇曳，屏风更显清冷，（宫女）手拿小团扇，在屋外追捕着飞舞的萤火虫。夜色渐深，凉意渐浓，（她）来到宫殿台阶旁的草地上，仰头观看天上的牛郎织女星。

山居秋暝

〔唐〕王维

空山新雨后，天气晚来秋。

明月松间照，清泉石上流。

竹喧归浣(huàn)女，莲动下渔舟。

随意春芳歇，王孙自可留。

处暑后风雨

〔元〕仇远

疾风驱急雨，残暑扫除空。

因识炎凉态，都来顷刻中。

纸窗嫌有隙，纨(wán)扇笑无功。

儿读秋声赋，令人忆醉翁。

七夕的前世今生

在处暑节气前后，有一个特别的节日——七夕节。

农历七月初七是人们俗称的七夕节，又叫"乞巧节"或"女儿节"，是中国传统节日中最具浪漫色彩的一个，也是旧时姑娘们最为重视的日子。

七夕节起源于牛郎织女神话，早在战国时期就有对牛郎星、织女星的记载。东汉时，传说天帝为媒，让牛郎与织女成婚，但玉帝又令西王母以银簪划河为界，规定每年七月初七牛郎才能借鹊桥同织女相会。《古诗十九首》中有"迢迢牵牛星，皎皎河汉女。纤纤（xiān）擢（zhuó）素手，札札（zhá）弄机杼（zhù）。终日不成章，泣涕零如雨；河汉清且浅，相去复几许？盈盈一水间，脉脉（mò）不得语"一诗，民间据此传说形成了七夕节，并且一直保留下来。

传说织女心灵手巧，擅长织布，年轻姑娘都要在七夕这一天找她祈福，让她赐予自己一双巧手，所以这个节日也叫"乞巧节"。西汉刘歆《西京杂记》中说："汉彩女常以七月七日穿七孔针于开襟（jīn）楼，人俱习之"，这便是乞巧风俗最早的文字记载。

唐宋诗词中，妇女乞巧也被屡屡提及。从崔颢"长安城中月如练，家家此夜持针线"诗句中可以看出当时的乞巧盛况。据《开元天宝遗事》记载，每逢七夕，唐太宗与妃子在清宫夜宴，宫女们各自乞巧。

宋代以后，城市中商业的繁荣推动了七夕节的发展，七夕乞巧相当隆重，京城中设有专卖乞巧物品的市场，世人称为乞巧市。乞巧市上"车马不通行，相次壅遏（yōng è，阻塞），不复得出，至夜方散"。宋词中以七夕为题的作品超过百首，"鹊桥仙"更是成为佳作频出的词牌名。

七夕文化也深刻影响了日本、朝鲜、越南、菲律宾、印尼、马来西亚等国家。这些国家和地区的故事名称、主人公名字和故事细节或许有地域和民族差异，但它们始终和汉族母题故事保持着相近的主题思想和人物形象。

七夕节是女性的节日，在访闺中密友、拜祭织女、切磋女红、乞巧祈福的习俗中，男女爱情的内容也逐渐融入其中，体现出人们追求美好情感的愿望。此外，七夕节期间还进行各种智力游戏，丰富了节日内容，有名的"七巧板"就来源于这里。

七夕节是我国第一批国家级非遗民俗项目，对研究中国历史文化有重要价值。

节气谚语

处暑天还暑，好似秋老虎。
处暑满地黄，家家修凛仓。

 节气实践

节气民俗体验

（1）了解七夕节的来历和习俗，给比自己小的伙伴讲讲牛郎织女的故事。

（2）整理自己的书柜和衣柜，把久未用过的物品拿到太阳底下晒一晒。

节气观测

▶ **节气测量**：测量处暑节气的温度，了解气温的变化情况。连续记录一周。

▶ **节气笔记**：处暑至，"秋老虎"渐行渐远，观察自家、小区或学校花园里的花草，看看哪些植物的叶子开始发黄了，画一画。

节气阅读

学唱歌曲：《山居秋暝》（谷建芬　曲）

乐曲欣赏：《平沙落雁》（古琴曲）

阅读绘本：《喜鹊信使》（高洪波）

阅读散文：《秋天》（李广田）——给了人更远的希望，向前的鞭策，意识到了生之实在的，而且给人以"沉着"的力量的，是这正在凋亡着的秋。

白露是"二十四节气"中的第十五个节气，每年公历9月7、8或9日，太阳到达黄经165°时，白露来临。

《月令七十二候集解》："白露，八月节……阴气渐重，露凝而白也。"天气渐转凉，会在清晨时分发现地面和叶子上有许多露珠。这是因夜晚水汽凝结在上面，故名白露。古人以四时配五行，秋属金，金色白，故以白形容秋露。进入"白露"，标志着凉爽季节的开始。

bái lù

白露

节气概述

节气字源

甲骨文	金文	小篆	楷书	小篆	楷书
			白		露

甲骨文的"白",意为白米粒。"露",表示夜间气温下降后,户外空气中的水汽遇冷时形成的凝结在物体上的小水珠。

节气三候

一候

鸿雁来

鸿雁成群结队在天空排成一字或人形,南飞避寒。

二候

玄鸟归

玄鸟指燕子，燕子开始飞向温暖的南方，回归自己南方的家。

三候

群鸟养羞

"羞"同"馐"，即美食。此时鸟儿开始更换新羽，准备食物过冬。

节气习俗

喝白露茶

民间有"春茶苦，夏茶涩，要喝茶，秋白露"的说法。白露茶是白露时节采摘的茶叶，茶树经过夏季的酷热，到了白露前后又会进入生长佳期。该时节采摘的茶叶，多为"秋寿眉"。相比春茶的清新，白露茶更甘甜、醇厚。

除了喝"白露茶"，白露时节还有"打枣""吃番薯""祭禹王"等习俗。

白露茶

节气食单

莲藕排骨汤

莲藕微甜而脆，可生食，也可做菜，营养、药用价值都很高。民谚曰："荷莲一身宝，秋藕最补人。"

制作方法

①排骨洗净、切块，入锅焯（chāo）出血水。

②水烧开，加入焯过水的排骨。

③待排骨六成熟时加入莲藕和红枣，大火烧开后转小火慢煲。

④加盐调味即可。

节气文化

节气诗词

蒹葭

（《诗经·国风·秦风》）

^{jiān jiā}
蒹葭苍苍①，白露为霜②。所谓伊人③，在水一方。

^{sù huí}
溯洄④从之，道阻且长。溯游⑤从之，^{wǎn}宛在水中央。

^{qī qī}
蒹葭萋萋⑥，白露未^{xī}晞⑦。所谓伊人，在水之^{méi}湄⑧。

溯洄从之，道阻且^{jī}跻⑨。溯游从之，宛在水中^{chí}坻⑩。

蒹葭采采⑪，白露未已。所谓伊人，在水之^{sì}涘⑫。

溯洄从之，道阻且右⑬。溯游从之，宛在水中^{zhǐ}沚⑭。

【注】

①蒹（jiān）：没长穗的芦苇。葭（jiā）：初升的芦苇。苍苍：茂盛的样子。

②为：凝结成。

③伊人：那个人。

④溯（sù）洄（huí）：逆流而上，这里指陆行。

⑤溯游：顺流而下。

⑥萋萋（qī）：茂盛的样子。

⑦晞（xī）：晒干。

⑧湄（méi）：水草交接的地方，即岸边。

⑨跻（jī）：上升，指道路越走越高。

⑩坻（chí）：水中小洲或高地。

⑪采采：繁盛的样子。

⑫涘（sì）：水边。

⑬右：迂回曲折。

⑭沚（zhǐ）：水中小洲。

【白话译文】

青苍苍的芦苇生长在河边，秋深露珠凝结成霜。我思念的那个人，就在水的那一方。我逆流而上去寻找她，道路险阻又漫长。我顺流而下去寻找，她仿佛就在水中央。

河边芦苇茂密又繁盛，清晨的露水还未晒干。我思念的那个人，就在河岸的那一边。我逆流而上去寻找她，道路越走越险要。我顺流而下去寻找，她仿佛就在水中那片高地上。

河边芦苇依然繁茂，清晨的露水还没有全部消失。我思念的那个人就在河水的那一头。我逆流而上去寻找她，道路迂回曲折。我顺流而下去寻找，她仿佛就在水中的小洲上。

玉阶怨

〔唐〕李白

玉阶生白露，夜久侵罗袜。

却下水晶帘，玲珑望秋月。

夜雨寄北

〔唐〕李商隐

君问归期未有期，巴山夜雨涨秋池。

何当共剪西窗烛，却话巴山夜雨时。

白露祭禹王

白露时节，江苏太湖地区，秋水横溢，鱼蟹生膘。为了能在随后的捕捞季获得好收成，为了能有一个风平浪静的湖面，人们往往会举行盛大隆重的祭祀禹王活动，祈祷神灵的保佑。

大禹以其治平天下洪患的盖世奇功而赢得万民景仰，被奉为神灵，四时祭祀。规模最大、时间最早的，当数浙江绍兴会稽的祭祀活动。凡大禹治水所到之处，均有祭祀活动。祭祀大禹也是四川北川（古汶山郡广柔县石纽乡）、河南禹州、山东禹城等地的传统民俗活动。

据西汉扬雄《蜀王本纪》载："禹本汶山郡广柔县人，生于石纽，其地名刳（kū）儿坪"。早在汉代以前，羌人就把大禹诞生地看得十分神圣，视石纽村的石纽山为神圣之地，在民间流传着许多大禹的传说，认为那里是先祖神灵栖息的地方，凡人不可惊扰。自唐代以后，以庙祭的方式纪念大禹的活动便代代相传，历时千年而不绝。据了解，由于羌人极其崇拜大禹，历代北川的地方官员也以极高的规格祭祀大禹，千百年来，官祭与民祭相辅相成，成了当地的民俗，形成了丰富多彩的民间祭祀习俗。

"5·12"地震后重建的大禹铜像矗立于岷山之畔、石纽山腰大禹祭坛上。大禹左肩挎网罟（gǔ，渔网），左手执耒锸（lěi chā，铁锹），足登笮（zé，竹篾拧成的绳索）编芒鞋。双目炯炯，凝视群峰。

千百年来，大禹治水"三过家门而不入"、吃苦耐劳、克己奉公的忘我精神被传为千古佳话，成为中华民族精神的重要组成部分，体现了人们在征服自然的过程中不屈不挠的斗争精神，鼓舞着历代劳动人民。禹王庙几千年祀典相继，是后人学习大禹明德、弘扬大禹精神的明证，对中华民族起着无可替代的凝聚作用。

 节气谚语

白露秋分夜，一夜凉一夜。
处暑十八盆，白露勿露身。

节气实践

节气民俗体验

自制白露茶

▶ 桂花红茶：干桂花2克，红茶1小勺、红糖少许。将桂花、红茶和红糖用开水冲泡，5分钟后即可饮用。有暖胃止痛、祛风散寒的功效。

祭禹王

▶ 了解大禹治水的故事。跟随父母参与禹王祭祀活动。用文字和图片简单记录自己的体验活动。

节气观测

▶ **节气测量**：测量白露节气的温度，了解气温的变化情况。连续记录一周。

▶ **节气笔记**：观察并收集花草上的露珠，连续收集一周，并测量共有多少毫升。

节气阅读

学唱歌曲：《天净沙·秋思》（谷建芬 曲）

乐曲欣赏：《丰收锣鼓》（民乐合奏）

阅读绘本：《月亮的帽子》（［日］柴原智）

阅读散文：《秋天的音乐》（冯骥才）——每次上路出远门，千万别忘记带上音乐，只要耳朵里有音乐，你一路上对景物的感受就全然变了。

秋分是"二十四节气"中的第十六个节气。每年公历9月22、23或24日，太阳到达黄经180°时，进入秋分节气。

《月令七十二候集解》："秋分者，阴阳相半也，故昼夜均而寒暑平。"此时，太阳几乎直射地球赤道，全球各地昼夜等长。从这一天起，阳光直射位置继续由赤道向南半球推移，北半球开始昼短夜长。大部分地区凉风习习，秋高气爽。

qiū fēn

秋分

二十四节气之 16

节气概述

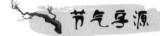

节气字源

甲骨文	金文	小篆	楷书		甲骨文	金文	小篆	楷书
𧆚	𧆚	𥝊	秋		𠔁	𠔃	分	分

甲骨文的"秋"本义是庄稼成熟。上半部分像蟋蟀，秋至而蟋蟀鸣，借以表达秋天的时间概念。下半部分是"火"，意味着用火焚烧秸秆，顺便消灭害虫。"分"，用刀把东西分开。

节气三候

一候

雷始收声

从秋分开始雷声逐渐减少。

二候

蛰虫坯（pī）户

蛰居的小虫开始藏入穴中，并且用细土将洞口封起来以防寒气侵入。

三候

水始涸

此时降水量开始减少，湖泊与河流中的水量变少。

节气习俗

月亭

秋祭月

古有"春祭日，秋祭月"之说。据考证，最初"祭月节"定在秋分这一天，后由于每年这天不一定都有圆月，就将"祭月节"由秋分调至了中秋。我国各地至今遗存着许多"拜月坛""拜月亭""望月楼"的古迹。民间的祭月习俗因地区不同而仪式各异。

除了"祭月"之外，秋分习俗还有"送秋牛""吃秋菜""粘雀子嘴"等。

节气食单

糖炒板栗

秋分时节，总会闻到阵阵栗香。

制作方法

①板栗洗净，用刀砍出口子来。

②破口的板栗放在清水里浸泡10～20分钟。浸泡好的板栗捞出，放进压力锅内，放上两勺白糖，盖上盖子，不盖减压阀。

③等压力锅内焖出气后，端起锅轻轻地摇晃，焖的过程中每隔1-2分钟摇晃一次，使板栗受热均匀。

④大概12分钟左右关火。关火后立刻倒出板栗，软糯香甜的糖炒板栗就大功告成了。

节气文化

节气诗词

水调歌头

〔宋〕苏轼

丙辰中秋，欢饮达旦①，大醉，作此篇，兼怀子由②。

明月几时有，把酒问青天。不知天上宫阙(què)，今夕是何年。我欲乘风归去，又恐琼楼玉宇③，高处不胜④寒。起舞弄⑤清影，何似⑥在人间。

转朱阁，低绮(qǐ)户⑦，照无眠。不应有恨，何事长向别时圆？人有悲欢离合，月有阴晴圆缺，此事古难全。但愿人长久，千里共婵娟(chán juān)⑧。

【注】

①旦：早晨。

②子由：苏轼的弟弟苏辙，字子由。

③琼楼玉宇：美玉砌成的楼宇，指月中宫殿。

④不胜：不堪承受。

⑤弄：赏玩。

⑥何似：哪里比得上。

⑦绮（qǐ）户：彩绘雕花的门户。

⑧婵娟：指代明月。

【白话译文】

　　明月是从何时才有的呢？端起酒杯来询问青天。不知道天上宫殿，今年是哪一年？我想要乘御清风归返天上，又恐怕月宫的琼楼玉宇太过寒冷，禁受不住。我在月光下翩翩起舞，玩赏着月下清影，那冷清的月宫哪里比得上人间。

　　月亮转过朱红楼阁，月光洒在雕花的窗户上，照着床上的人儿辗转难眠。明月不该有什么怨恨，却为何总在亲人离别时候才圆？人有悲欢离合的变迁，月有阴晴圆缺的转换，这种事自古以来难以周全。但愿亲人能平安康健，虽远隔千里，也能共享这轮美好的明月。

十五夜望月寄杜郎中

〔唐〕王建

中庭地白树栖鸦，冷露无声湿桂花。

今夜月明人尽望，不知秋思落谁家？

点绛唇

〔宋〕谢逸

金气秋分，风清露冷秋期半。凉蟾光满。桂子飘香远。

素练宽衣，仙仗明飞观。霓裳乱。银桥人散。吹彻昭华管。

中秋月团圆

农历的八月，居于秋季之中，八月十五又居八月之中，故称八月十五为中秋或仲秋、八月半。

月到中秋分外明。月亮，自周秦之时便成为和太阳并列的祭祀对象。古时的习惯，是春季农历二月十五祭祀太阳，秋季八月十五祭祀月亮。每逢中秋，祭月、拜月、赏月就成为一项全民的欢庆活动。

在中国人的观念里，月亮，是一个寄寓了幻想和诗情画意的意象。中国人称呼月亮，有许多别致的雅号：月宫、蟾宫、婵娟……而嫦娥奔月、吴刚伐桂、玉兔捣药等传说，更是为月亮披上了一层迷人的外衣，给中秋佳节增添了无穷的韵味。

这样的月亮，唤起了文人骚客的雅趣。白居易在这一日招呼友人一起赏月："人道秋中明月好，欲邀同赏意如何"；刘禹锡夜半见月，于是"开城邀好客，置酒赏清秋"；王建则痴迷地从八月十二就开始望月，直至中秋当天，"仰头五夜风中立，从未圆时直到圆"；司空图更是表示，"此夜若无月，一年虚过秋"。可见，赏月、观月、玩月成为一种"时尚"。

后来，人们由中秋之月的圆满，联想到人间的圆满，中秋之月，就成了团圆的象征。以八月十五月的团圆，映照人间家人朋友的团圆，就

贯穿了整个中秋的各项节俗活动。故中秋又称团圆节，中秋的时令食物月饼，也取自团圆之意。

　　每逢佳节倍思亲。与家人团圆是每个人、每个家庭的期待，在中秋这样的团圆节，恰逢中秋之月最圆最明，这种心理就愈加突显。苏轼未能与弟弟团聚，面对一轮明月，心潮起伏，写下了"人有悲欢离合，月有阴晴圆缺，此事古难全。但愿人长久，千里共婵娟"的千古绝唱，即是对月圆人圆的期盼。

　　中国人对于团圆的追求，是一种执念。团圆，不仅是中秋的主旨，更是中国人普遍的祝愿。人们渴望团圆幸福美满的生活，也愿意为这样的生活努力、奋斗。这也是中国民俗中极富民族特色的魅力所在。

节气谚语

　　白露早，寒露迟，秋分种麦正当时。

　　秋分秋分，雨水纷纷。

节气实践

节气民俗体验

秋分祭月赏桂

（1）月饼，最初是祭月时的祭品。苏东坡曾有"小饼如嚼月，中有酥与饴"之句，说明至少在北宋，就已经有酥油和糖作馅的月饼了。到明代，吃月饼已是全国的习俗，样式与口味已堪称百花齐放。中秋时节，和家人一起品尝月饼，赏月、祭月，许下自己的心愿。

（2）位于成都的新都桂湖，是明代著名文学家杨升庵的故里。这里植桂树千株，农历八月桂蕊飘香，赏桂、食桂、吟桂成为一时盛景。"桂"有"折桂"之意，试着做一做"桂花糕""桂花糖""桂花茶"吧，祝愿自己学业有成。

节气观测

▶ **节气测量**：测量秋分节气的温度，了解气温的变化情况。连续记录一周。

▶ **节气笔记**：桂花又叫木樨(xī)花，仔细观察桂花的颜色、形状、味道，查资料了解其所属种类，把你观察、了解到的用写绘的形式表达出来。

节气阅读

学唱歌曲：《但愿人长久》（梁弘志 曲）

乐曲欣赏：《彩云追月》（民乐合奏）

朗读诗歌：《秋月》（徐志摩）

阅读散文：《成都物候记·桂》（阿来）

《月是故乡明》（季羡林）——每个人都有个故乡，人人的故乡都有个月亮，人人都爱自己故乡的月亮……

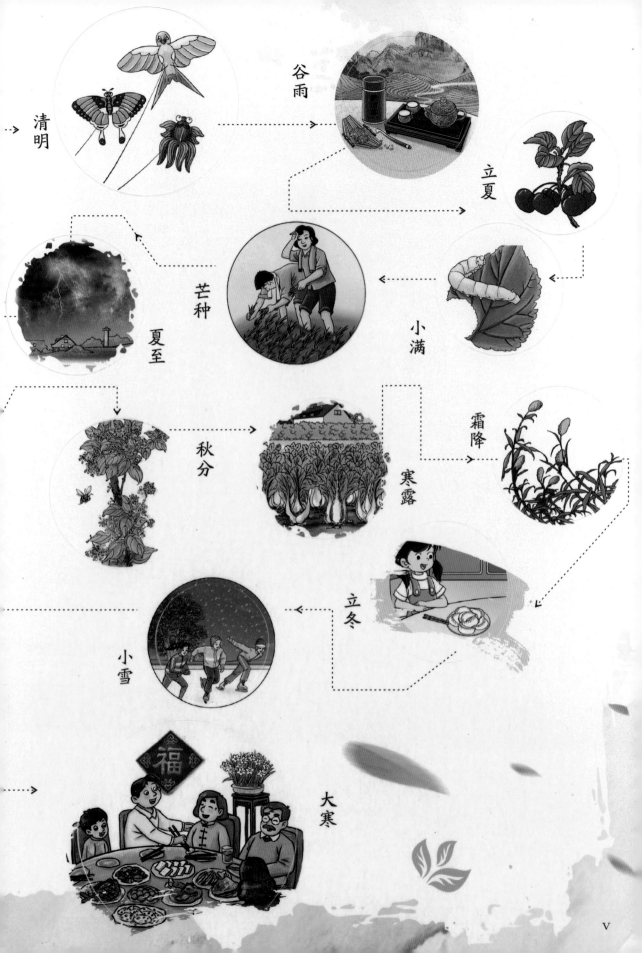

清明

谷雨

立夏

芒种

夏至

小满

秋分

霜降

寒露

立冬

小雪

大寒

v

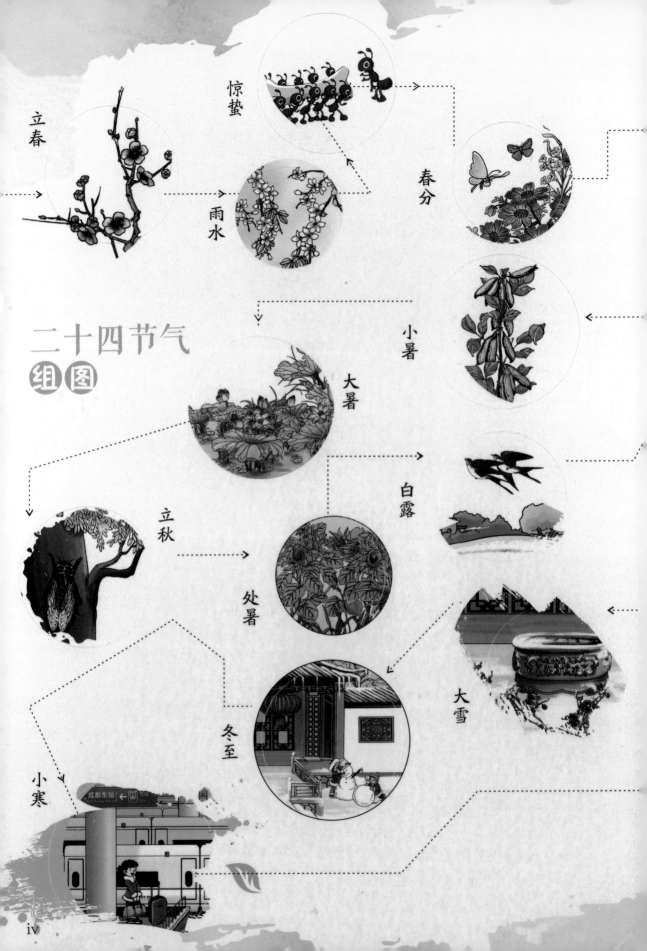

二十四节气
组图

立春

惊蛰

雨水

春分

小暑

大暑

立秋

白露

处暑

冬至

大雪

小寒

成都东站

iv

hán lù
寒露

　　寒露是"二十四节气"中的第十七个节气。每年公历10月7日、8日或9日，太阳到达黄经195°时，进入寒露节气。这时，北半球太阳照射的角度明显倾斜，地面所接受的太阳热量大大减少。

　　《月令七十二候集解》："九月节。露气寒冷，将凝结也。"意思是气温越发低了，地面的露水更冷，快要凝结成霜。气候由热转寒，随寒气增长，万物逐渐萧落，预示着深秋的来临。

节气概述

节气字源

金文	小篆	楷书		小篆	楷书
𡉈	𡨄	寒		𩃳	露

金文的"寒"字由四个部分组成。最上面是房屋，最下面是两块冰。人躲进了屋子，寒从脚下起，脚已被冻得冰凉，赶紧在屋内铺上厚厚的草。

节气三候

一候

鸿雁来宾

鸿雁排成一字或人字形的队伍大举南迁，向南方迁徙越冬。

雀入大水为蛤（gé）

深秋天寒，雀鸟不见了，古人看到海边出现很多蛤蜊，其条纹及颜色与雀鸟很相似，便以为是雀鸟变为了蛤蜊。

三候

菊有黄华

"华"即"花"。耐寒的秋菊盛开。

节气习俗

斗蟋蟀

寒露是一年中最适合斗蟋蟀的时节。《埤（pí）雅》曰："促织鸣，懒妇惊。"是说古人听见蟋蟀的鸣叫声，便知天气渐凉，要赶紧准备衣物御寒了。因此蟋蟀又唤作促织。

蟋蟀拼斗时，鸣叫的为上风，不鸣叫的为下风。落入下风的那一方，主人用蛐蛐儿探子进行撩拨，若还是没有斗性，便算输了一局。如此，当一方输掉三局后，即可决出胜负了。

除了斗蟋蟀，寒露时节的习俗还有"登高""赏红叶""饮菊花酒"等。

斗蟋蟀

节气食单

清蒸螃蟹

俗话说"寒露发脚，霜降捉着，西风响，蟹脚痒"，天一冷，螃蟹的味道就要"正"了。

"九月团脐，十月尖"，九月的雌蟹，黄满丰腴；十月的雄蟹，黄白鲜肥。寒露正是吃蟹的最佳季节。

制作方法

①用手捏住螃蟹两排腿根处的大盖两侧，然后用刷子刷干净。

②调蘸汁儿：生抽、陈醋按2:1的比例调匀，加入切好的生姜。

③螃蟹上笼，蒸10～15分钟。

④至蟹壳呈鲜红色时，即可取出蘸汁儿食用。

节气文化

节气诗词

苏幕遮·怀旧①

〔宋〕范仲淹

碧云天，黄叶地。秋色连波，波上寒烟翠②。

山映斜阳天接水。芳草③无情，更在斜阳外。

黯 àn乡魂④，追旅思sì⑤。夜夜除非，好梦留人

睡。明月楼高休独倚。酒入愁肠，化作相思泪。

【注】

①苏幕遮：词牌名。

②寒烟翠：翠色的烟雾。

③芳草：暗指故乡，这里有感叹故乡遥远之意。

④黯（àn）乡魂：因思念家乡而黯然伤神。

⑤追旅思（sì）：撇不开羁旅的愁思。追，追随，这里指缠住不放。旅思，旅居在外的愁思。

【白话译文】

蓝天碧云飘飘，大地黄叶纷飞，天边秋色与水波相连，波上弥漫着苍翠寒烟。群山映着斜阳，蓝天连着江水。芳草不谙人情，一直延绵到夕阳照不到的天边。

默默思念故乡黯然神伤，旅居在外的愁思难以排遣，除非夜夜都做好梦才能得到片刻安慰。不想在明月夜独倚高楼望远，只有借酒消愁，但酒入愁肠，都化作相思之泪。

池上

〔唐〕白居易

袅袅凉风动，凄凄寒露零。

兰衰花始白，荷破叶犹青。

独立栖沙鹤，双飞照水萤。

若为寥落境，仍值酒初醒。

山行

〔唐〕杜牧

远上寒山石径斜，白云生处有人家。

停车坐爱枫林晚，霜叶红于二月花。

芙蓉花树绕城郭

如果有一种植物，能够代表成都，那一定是芙蓉。

"一扬二益古名都，禁得车尘半点无。四十里城花作郭，芙蓉围绕几千株。"清代诗人杨燮曾在《锦城竹枝词》一诗中如此描绘芙蓉花开的锦城盛景。

成都人栽培芙蓉已有1000多年的历史。早在五代时期，后蜀皇帝孟昶（chǎng）及宠妃花蕊夫人喜赏名花，偏爱芙蓉。据《成都记》载："孟后主成都城上遍种芙蓉，每至秋，四十里如锦绣，高下相照，因名锦城。"后人继承此俗，遍地栽植芙蓉树，每到秋季，芙蓉花开，满城锦绣，花香四溢，成都因此得名"芙蓉城"。

唐代，浣花溪边有许多造纸的作坊，能制美丽而精致的笺纸。才女薛涛用浣花溪的水、木芙蓉的皮、芙蓉花的汁，制成了色彩绚丽又精致的"薛涛笺"，写下了"不结同心人，空结同心草"等优美诗句流传千古，为这座叫"蓉"的城市留下了一段深致的雅韵。

芙蓉花又名木芙蓉、拒霜花、木莲，为锦葵科、木槿属落叶灌木或小乔木，原产中国。其花大而色丽，特别宜于植于水滨。《长物志》云："芙蓉宜植池岸，临水为佳"，"照水芙蓉"之称由此而来。芙蓉花依花瓣内花青素浓度的变化而呈现不同的颜色。木芙蓉早晨开白花，日出后花渐转桃红，傍晚又变成深红。花朵一日三变其色，故名醉芙

63

蓉、三醉花。

芙蓉初春开始吐芽绽绿，到深秋霜降时傲然怒放。正是这种坚毅风骨，使它赢得了"拒霜花"的别称。苏东坡曾赋芙蓉千古名句："千林扫作一番黄，只有芙蓉独自芳。唤作拒霜知未称，细思却是最宜霜。"在任杭州知州疏浚西湖时，他还将成都的芙蓉树广植于苏堤之上。

注：1983年5月，成都市第九届人民代表大会常务委员会决定，正式命名芙蓉花为成都市市花。

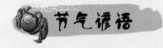

节气谚语

吃了寒露饭，单衣汉少见。

时到寒露天，捕成鱼，采藕芡。

节气实践

节气民俗体验

（1）登高、赏红叶

寒露时节正值深秋，是登高、观赏红叶的最佳时期。四川是观赏红叶的最佳目的地之一。九寨沟、稻城亚丁、峨眉山、米亚罗等地都有众多的红叶景观。去欣赏漫山的红叶，感受"霜叶红于二月花"的美吧。

（2）重阳节来临，向家中或身边的老人表达一份真切的心意。

节气观测

▶ **节气测量**：测量寒露节气的温度，了解气温的变化情况。连续记录一周。

▶ **节气笔记**：白露节气"露凝而白"，至寒露已是"露气寒冷，将凝结也。"（《月令七十二候解》）。观察并收集花草上的露珠，连续收集一周，并测量共有多少毫升，和白露节气的记录进行比较。

节气阅读

学唱歌曲：《苏幕遮》（李健　曲）

乐曲欣赏：《寒鸦戏水》（琵琶曲）

阅读绘本：《风中的树叶》（［德］安娜·莫勒）

阅读散文：《成都物候记·芙蓉》（阿来）

《古典之殇——蟋蟀入我床下》（王开岭）——古时秋日，不闻虫语是难以想象的。可如今，我们能识几种虫语？谁配做一只蟋蟀的知音？

shuāng jiàng
霜降

霜降是"二十四节气"中的第十八个节气。每年公历10月23日或24日，太阳到达黄经210°，进入霜降节气。此时气温骤然下降，露水凝结成霜，俗称"打霜"。

《月令七十二候集解》："霜降，九月中。气肃而凝，露结为霜矣。"可见"霜降"表示天气逐渐变冷，露水凝结成霜。霜降时节，我国黄河流域大面积出现白霜。

节气概述

节气导源

小篆	楷书		甲骨文	金文	小篆	楷书
霜	霜		𡭉	𡭉	𩲡	降

"霜",表示水汽凝结的白色晶体(霜),导致植物的枯败。"降",表示从高处往低处走。

节气三候

一候

豺乃祭兽

豺、狼一类的动物开始大规模捕猎。古人看到豺狼捕猎而不食,以为它们是在以食物祭祀天地。

草木黄落

植物停止了生长，叶面水分也蒸发了，草木很快就会变黄凋零。

蛰虫咸俯

"咸"是"皆""都"的意思。"俯"是低头。蛰伏在洞里的虫子不动不食，垂下头来进入冬眠状态。

节气习俗

柿子

霜降吃柿子

在我国的很多地方，霜降时节要吃红柿子，在当地人看来，这样不但可以御寒保暖，同时还能补筋骨，是非常不错的霜降食品。俗话说：霜降吃丁柿，不会流鼻涕。还有些地方认为，霜降这天要吃柿子，不然整个冬天嘴唇都会裂开。

除了吃柿子，霜降时节的习俗还有"赏菊""拔萝卜""吃牛肉"等。

节气食单

炖萝卜

农谚说："处暑高粱，白露谷，霜降到了拔萝卜。"这个时节，被霜冻过的萝卜是最好吃的，有小人参之称。

萝卜吃法多样，可烧、可炖、可凉拌。

制作方法

①排骨、白萝卜洗净，将白萝卜削皮滚刀切块备用。

②将排骨放入锅中，煮开炖30分钟，然后，放入白萝卜再次炖。

③ 转中小火焖煮至想要的软烂程度。

④起锅后，撒上葱花即可。

节气文化

节气诗词

醉花阴

〔宋〕李清照

薄雾浓云愁永昼①，瑞脑②消金兽③。佳节又重阳，玉枕纱橱，半夜凉初透。

东篱④把酒黄昏后，有暗香⑤盈袖。莫道不销魂⑥，帘卷西风，人比黄花瘦。

【注】

①永昼：漫长的白天。

②瑞脑：即龙脑，香料名。

③金兽：刻着兽形的铜香炉。

④东篱：代指种菊之处。

⑤暗香：这里指菊花的幽香。

⑥销魂：形容极度忧愁、悲伤。

【白话译文】

薄雾弥漫，终日阴沉沉的天气使人愁闷难挨。刻有兽形的铜炉中，香料已渐渐燃尽。又到重阳佳节，睡在玉枕纱帐中，半夜的凉气透入纱帐中，玉枕上的凉气浸透全身。

黄昏后，独自在东篱饮酒，淡淡的菊花香溢满衣袖。此时此地怎么能不令人伤感呢？当秋风乍起，卷帘而入，那帘内的人比外面的菊花更加消瘦。

饮酒·其五

〔晋〕陶渊明

结庐在人境，而无车马喧。

问君何能尔？心远地自偏。

采菊东篱下，悠然见南山。

山气日夕佳，飞鸟相与还。

此中有真意，欲辨已忘言。

商山早行

〔唐〕温庭筠

晨起动征铎（duó），客行悲故乡。

鸡声茅店月，人迹板桥霜。

槲（hú）叶落山路，枳（zhǐ）花明驿墙。

因思杜陵梦，凫（fú）雁满回塘。

霜降赏菊

农历九月又称菊月，是菊的月份。赏菊，成为霜降节气的一件雅事。

菊花原产于我国，已有3000多年的栽培历史。公元8世纪起经朝鲜传到日本，后由荷兰商人引种到欧洲栽培，19世纪又由英国传到美国。自此，菊花遍植于世界各地。

2000多年前，《礼记·月令篇》已载有"季秋之月，……鞠（同'菊'）有黄华"，这是对菊花物候作用的最早记载。菊花的药用价值也很早就记载在《神农本草经》中："菊花久服能轻身延年。"《西京杂记》记载："菊花舒时，并采茎叶，杂黍米酿之，至来年九月九日始熟，就饮焉，故谓之菊花酒。"从这些记载看来，中国栽培菊花最初是以食用和药用为目的的。

菊花在百花凋谢之际，仍然傲霜怒放，因而被赋予了很深的文化内涵。屈原《离骚》中以"朝饮木兰之坠露兮,夕餐秋菊之落英"象征自己品行的高尚和纯洁。陶渊明以田园诗人和隐逸者的姿态，写下"采菊东篱下，悠然见南山"的名句，赋予菊花超凡脱俗的隐者风范，菊花从此便有了隐士的灵性，被周敦颐称为"花中隐逸者也"。菊花也因此有了"东篱菊""陶菊"的雅称。陶渊明借菊花升华了自己的境界,菊花也因

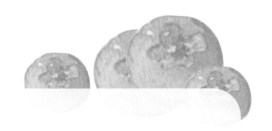

陶渊明而具有了高洁、淡泊、孤傲的隐逸之风。

后来，孟浩然接受了"待到重阳日，还来就菊花"的邀请；元稹在"不是花中偏爱菊，此花开尽更无花"中表达了对坚贞、高洁品格的追求；唐末黄巢的"冲天香阵透长安，满城尽带黄金甲"豪气冲天；易安居士则怅然思人，对菊独酌，吟出"莫道不销魂，帘卷西风，人比黄花瘦"的千古名句；"宁可枝头抱香死，何曾吹落北风中"，终成诗人郑思肖忠于故国的誓言。菊花，成为一个个诗人人格的写照。

每年九月，那些深深浅浅浓浓淡淡的菊花，都会如约盛开。不论你是否知道屈原与陶渊明，是否读过他们的诗作，都可通过凌霜盛开的菊花，与诗人的灵魂相晤，走进一个个鲜活灵动的心灵世界。

节气谚语

霜降见霜，谷米满仓。

雪下高山，霜打洼地。

节气民俗体验

赏菊

古有"霜打菊花开"之说，也有"霜降之时，唯此草盛茂"的记载，因此菊被古人视为"候时之草"，成为生命力的象征。

霜降时节，和家人一起去赏菊吧，背背写菊的诗词，辨辨菊的种类，尝尝菊花茶，还可以用相机记录下菊的芳姿。

节气观测

▶ **节气测量**：测量霜降节气的温度，了解气温的变化情况。连续记录一周。

▶ **节气笔记**：霜降之后，红叶赛过二月花。请你搜集几种美丽的红叶，做成有趣的书签，或者来一幅红叶贴画。别忘了，探究一下秋天树叶变红的原理。

节气阅读

学唱歌曲：《暮江吟》（谷建芬 曲）

乐曲欣赏：《秋江夜泊》古琴曲

阅读绘本：《小种子》（［美］艾瑞·卡尔）

阅读散文：《消逝的地平线——纪念古代登高》（王开岭）

《故都的秋》（郁达夫）——全文1600多字，用了40多个秋字来描写秋景，非但没使文章枯燥无味，反而使文章更加生动。

大雪

小雪

冬
DONG

小寒

冬至

立冬

大寒

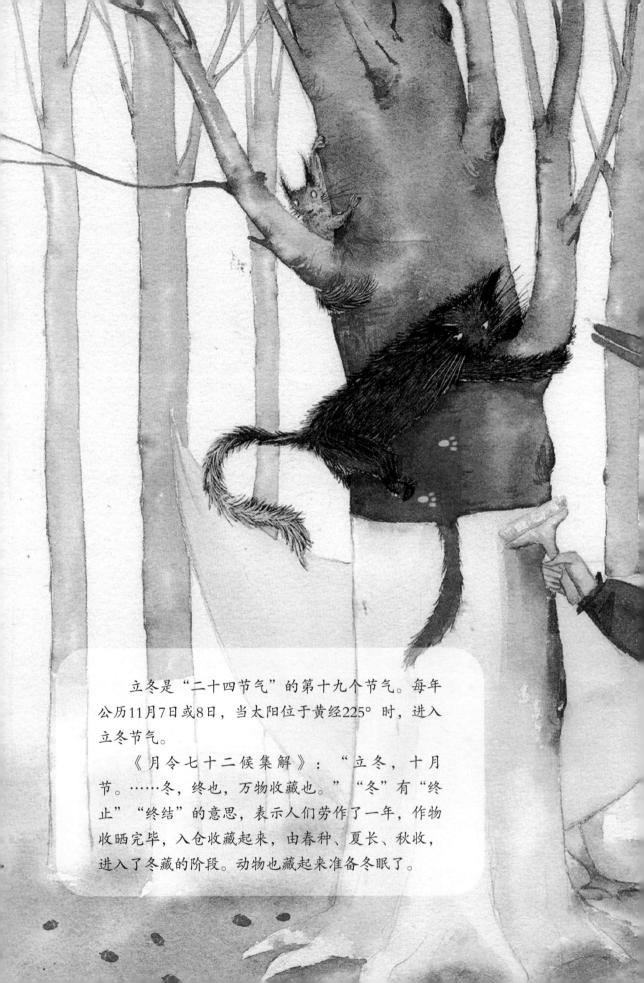

　　立冬是"二十四节气"的第十九个节气。每年公历11月7日或8日，当太阳位于黄经225°时，进入立冬节气。

　　《月令七十二候集解》："立冬，十月节。……冬，终也，万物收藏也。""冬"有"终止""终结"的意思，表示人们劳作了一年，作物收晒完毕，入仓收藏起来，由春种、夏长、秋收，进入了冬藏的阶段。动物也藏起来准备冬眠了。

lì dōng

立冬

节气概述

节气字源

甲骨文	金文	小篆	楷书	甲骨文	金文	小篆	楷书
立	立	立	立				冬

古时候，"冬"与"终"是同一个字。甲骨文的"冬"字形为一根线两端打上结，表示线已经用完了，即"终"的意思。

节气三候

一候

水始冰

立冬之日水已经能结成冰了。

地始冻

　　立冬后五日，土地开始冻结。

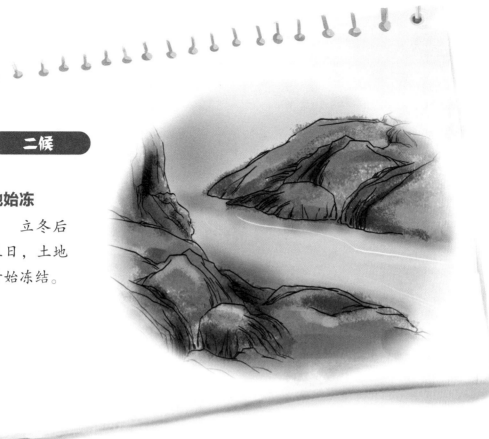

雉入大水为蜃

　　立冬后，雉（野鸡类的大鸟）不多见了，海边却可看到外壳与野鸡的线条及颜色相似的蜃（shèn，大蛤），故古人认为雉到立冬后便变成了蜃。

节气习俗

立冬补冬

立冬在我国古代是个重要的节日，最早在周代就形成了隆重的庆祝礼制。从天子到百姓，都会开展一系列的祭祀、庆祝活动。

民间则普遍有"立冬日补冬"的习俗。立冬过后严寒将至，为了适应气候的变化，人们喜欢在立冬这天进补。很多人家会在这一天杀鸡宰牛，享用丰盛肥美的菜肴，让辛勤劳作了一年的人们，在"立冬"这一天休息一下，犒赏一年来的辛苦，迎接冬天的到来。

另外，立冬在民间还有迎冬、贺冬、吃饺子等习俗。

饺 子

节气食单

归参炖乌鸡

立冬是进补的开始，立冬进补可以抵御严寒及祛除湿寒等不适症状。

①当归20克，党参30～50克，乌鸡一只。

②生姜、葱、盐、料酒等调味品各适量。

③先将乌鸡肉洗干净，然后与当归、党参及适量调味品一同放入炖盅内，炖1～2小时即可。

④归参炖乌鸡完成啦！

节气文化

节气诗词

立冬即事二首（之一）

〔元〕仇远 (qiú)

细雨生寒未有霜，庭前木叶半青黄。

小春此去无多日，何处梅花一绽①香。 (zhàn)

【词句注释】

①绽（zhàn）：绽开、绽放。

【白话译文】

　　立冬时节下了一场小雨，顿觉寒意袭人，但屋外却并没有见到有霜降下。庭院里，半黄半青的树叶挂在枝头。不需要多少时日，春天就会到来了。在庭院里徘徊，不知何处绽放的梅花传来一缕幽香。

赠刘景文

〔宋〕苏轼

荷尽已无擎雨盖，菊残犹有傲霜枝。

一年好景君须记，正是橙黄橘绿时。

立冬

〔唐〕李白

冻笔新诗懒写，寒炉美酒时温。

醉看墨花月白，恍疑雪满前村。

立冬话饺子

对于中国人来说，饺子作为一道独特的美食而备受欢迎。每到逢年过节，餐桌上少不了的是饺子。一家人围坐在一起，吃的不仅仅是饺子，更是对家人团聚的一种喜悦以及对美好生活的向往。

饺子最初的作用并非食用，而是药用。

相传在张仲景任长沙太守后辞官回乡的路上，看见南阳的百姓饥寒交迫，病死的人很多，有的两只耳朵都冻伤了。张仲景看得心里难受，于是研制了一个可以御寒的食疗方子，名叫"祛寒娇耳汤"。然后他就在当地搭了一个棚子，支起一口大锅，煎熬羊肉、辣椒和祛寒提热的药材，用面皮包成耳朵形状，煮熟之后施舍给百姓服用，渐渐地百姓的"冻耳"都被治好了。从此后人便模仿制作，称之为"饺耳"，也就是现在饺子的雏形。

三国时期，饺子发展成了一种食物。据考证，当时的魏国人张揖在其所编著的《广雅》一书中曾提到，其形如月牙称为"馄饨"的食物，和饺子的形状基本一致。

至唐代，饺子已经和现今的没什么两样了，当时人们称为"偃月形

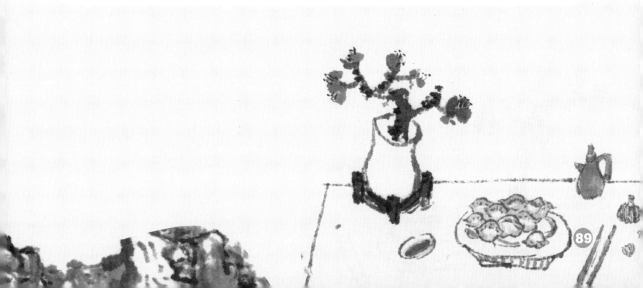

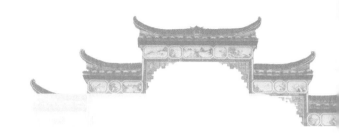

馄饨"。

到了宋代，人们把饺子称为"角儿"或"角子"，或许是因为饺子两边尖尖的角而得名。

元代，人们又把饺子称为"扁食"，一直到了清代，饺子才真正意义上的被称为"饺子"。立冬、冬至、除夕吃饺子的习俗也由此开始流传至今。

在近2000年的历史长河中，尽管饺子的形式不断演变，但人们对饺子的喜爱却始终没有改变。饺子取"更岁交子"之意，"子"为"子时"，"饺"与"交"谐音，有辞旧迎新之意。中国人喜欢吃饺子，吃的是一种文化，更是一种情怀。

节气谚语

立冬前犁金，立冬后犁银，立春后犁铁。

立冬无雨一冬晴。

节气实践

节气体验活动

包饺子

"立冬不端饺子碗，冻掉耳朵没人管。"立冬意味着冬天的到来，天凉了，和家人一起包一顿饺子吧。

节气观测

▶ **节气测量**：测量立冬节气的温度，了解气温的变化情况。连续记录一周。

▶ **节气笔记**：农历十月有"小阳春"之称。在立冬和小雪节气之间，某些地方温暖如春，甚至出现果树二度开花的现象。为与"阳春三月"相区别，故名"小阳春"。白居易曾有诗云："十月江南天气好，可怜冬景似春华。"仔细观察一下：小阳春出现在什么时候？此时的天气有什么特点？记录在节气笔记本上。

节气阅读

学唱歌曲：《西风的话》（黄自 曲）

乐曲欣赏：钢琴曲《冬阳》（林海）

阅读散文：《故乡的食物·咸菜茨菇汤》（汪曾祺）

阅读绘本：《冰糖葫芦，谁买》（保冬妮）——让我们跟着爷爷一起走街串巷，感受古老东方中国人与动物的和谐相处，感受相互赠予的温良与仁慈。

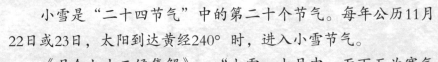

　　小雪是"二十四节气"中的第二十个节气。每年公历11月22日或23日，太阳到达黄经240°时，进入小雪节气。

　　《月令七十二候集解》："小雪，十月中。雨下而为寒气所薄，故凝而为雪，小者未盛之辞。""小雪"时虽有雨水因受到寒气而凝结成雪，但下雪的次数少，雪量也不大，故称为"小雪"。古籍《群芳谱》中说："小雪气寒而将雪矣，地寒未甚而雪未大也。"

xiǎo　　xuě

小雪

节气概述

节气字源

甲骨文	金文	小篆	楷书		甲骨文	小篆	楷书
⺌	八	川	小		雨	雪	雪

甲骨文的"雪"，像白色轻盈的绒毛，比喻天空中纷纷扬扬的羽状飘落物。

节气三候

一候

虹藏不见

彩虹消失在人们视野中，就像是因天冷躲藏起来了。

天气上升地气下降

　　天空中的阳气上升，大地中的阴气下降。

三候

闭塞而成冬

　　万物失去生机，天气更加寒冷，大地冰封，严寒的冬天开始了。

节气习俗

腌寒菜

腌寒菜

俗话说，小雪腌菜，大雪腌肉。小雪时节，人们都在忙着为整个冬天做储备。

小雪前，将大青菜洗干净，晾一晾。到了小雪这一天，就开始"腌寒菜"。选一个大缸，在缸里铺一层青菜，码一层盐，再一层青菜一层盐地码上去，装到满满一缸了，把菜压实，盖好缸盖，"寒菜"就算腌好了。

另外，小雪节气还有打糍粑、吃刨汤、晒鱼干等习俗。

节气食单

红糖糍粑

天气转冷人们就想吃甜食，红糖糍粑香甜软糯，是小雪节气餐桌上的抢手美食。

制作方法

①糯米泡两三个小时后，倒入蒸笼，水开后蒸半小时至熟。

②捞出晾凉，加糖。将糯米捣碎至无明显颗粒，在容器中压实后冷藏3小时以上，再取出切条。

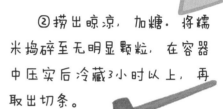

③入锅，炸至两面金黄，不粘筷子时捞出。

④将熬制好的红糖浆均匀地淋到糍粑上。撒上黄豆粉，就可以吃啦。

节气文化

节气诗词

问刘十九①

〔唐〕白居易

^{pēi}
绿蚁②新醅③酒，红泥小火炉。

晚来天欲雪④，能饮一杯无⑤？

【词句注释】

①刘十九：洛阳一富商，姓刘，在家排行十九，称刘十九。

②绿蚁：新酿的米酒上浮起的米渣,呈淡绿色,细如蚁，称绿蚁。

③醅（pēi）：未过滤的酒。

④雪：下雪。

⑤无：表示疑问的语气词，相当于"吗"。

【白话译文】

  新酿的米酒上面还有一层绿色的泡沫，香气扑鼻。红泥烧制的小火炉也已准备好了，正可温酒。天色黑下来，像要下雪了，刘兄，可否过来，我们共饮一杯酒呢?

天净沙·冬

〔元〕白朴

qiáo
一声画角谯门，
半庭新月黄昏，
雪里山前水滨。
竹篱茅舍，
淡烟衰草孤村。

对雪

〔唐〕高骈

六出飞花入户时，坐看青竹变琼枝。
如今好上高楼望，盖尽人间恶路岐。

雪花的别称

雪是大自然的杰作，而我国是一个诗的国度，在浩瀚的诗海中，文人墨客不惜笔墨，给雪或雪花冠以不少美名，别有情趣。

六出 雪呈六角形状，人们便称之为"六花""六出"。如唐代元稹《赋得春雪映早梅》诗云："一枝方渐秀，六出已同开。"唐代高骈的《对雪》诗："六出飞花入户时，坐看青竹变琼枝。"元代白朴所吟的"门前六出花飞，樽前万事休提"，均将雪花称为"六出"。

玉龙 唐代吕岩《剑画此诗于襄阳雪中》："岘山一夜玉龙寒，凤林千树梨花老。"宋人张元的《雪》诗："战死玉龙三十万，败鳞风卷满天飞。"这漫天飞雪，就像被天兵天将杀败的无数条白龙身上脱落的鳞甲，在空中飘降，极富神话的浪漫色彩。

琼花 雪白似琼花，便命名为"琼英""琼花"。如唐代裴夷直《和周侍御洛城雪》诗："天街飞辔（pèi）踏琼英，四顾全凝在玉京。"宋代杨万里的《观雪》诗："落尽琼花天不惜，封他梅蕊玉无香。"元代诗人吴澄的《立春日寓北方赋雪诗》："不知天上谁横笛，

吹落琼花满世间。"

梨花 唐代岑参在《白雪歌送武判官归京》中，把飞雪比作梨花："忽如一夜春风来，千树万树梨花开。"宋代诗人韩元吉也将雪花视为梨花，诗云："莫将带雨梨花认，且作临风柳絮看。"

此外，古诗中的雪还有众多别称，有的称雪为"玉蝶"，如赵翼《途遇大雪》诗："化工何处万剪刀，剪出玉蝶满空舞"；有的称雪为"寒酥"，如宋代徐渭《梨花》诗"朝来试看青枝上，几朵寒酥未肯消"；有的称雪为"干雨"，如宋代洪龟父《喜雪》诗："漫天干雨纷纷暗，到地空花片片明"；还有的称雪为"素尘"，如李商隐的《残雪》诗："旭日开晴色，寒空失素尘。"

怎么样，你最喜欢雪花的哪一个别称呢？来选一选吧！

节气谚语

小雪不收菜，必定要受害。

小雪雪满天，来年必丰年。

节气实践

节气体验活动

打糍粑

糍粑，象征着全家和气、团圆、平安。小雪节气，中国很多地方流行打糍粑。选上好的糯米，洗干净后，放到木甑（zèng，蒸食物的炊具）里蒸。九分熟时起锅，将糯米饭倒进石臼窝里，用新鲜洗净的竹竿或木棒使劲舂（chōng，将米捣碎）。直到糯泥变得黏稠，就算大功告成了。

青城山脚下的街子古镇，有打糍粑的体验活动，可以去参与体验一下。

节气观测

▶ **节气测量**：测量小雪节气的温度，了解气温的变化情况。连续记录一周。

▶ **节气笔记**：小雪时节，山林中、植物园里、小区里都有不少的野果成熟了，如：柿子、松果、酸藤子等。寻找、观察并记录这些果子的样子，想一想果子里的种子最终到哪里去了，感受生命的神奇。

节气阅读

学唱歌曲：《雪花带来冬天的梦》（刘继华 曲）

乐曲欣赏：《初雪》（钢琴曲，班得瑞乐团）

阅读绘本：《松鼠先生和第一场雪》（［德］塞巴斯蒂安·麦什莫泽）

阅读散文：《冬日絮语》（冯骥才）——每每到了冬日，才能实实在在触摸到了岁月，岁月是用时光来计算的。那么时光又在哪里？在钟表上，日历上，还是行走在窗前的阳光里？

　　大雪，是"二十四节气"中的第二十一个节气。每年公历12月6、7或8日，太阳到达黄经255°时，进入大雪节气。

　　《月令七十二候集解》："大雪，十一月节。大者，盛也。至此而雪盛矣。"意思是此时的雪往往下得很大，范围也很广，降雪的可能性比小雪时更大。

　　大雪和小雪、雨水、谷雨等节气一样，都是直接反映降水的节气。

dà　xuě
大雪

节气概述

节气字源

甲骨文	金文	小篆	楷书
大	大	大	大

甲骨文	小篆	楷书
雪	雪	雪

甲骨文的"雪"，像白色轻盈的绒毛，比喻天空中纷纷扬扬的羽状飘落物。

节气三候

一候

鹖鴠不鸣

　　鹖鴠（ hé dàn ），即寒号鸟，因为天气寒冷，不再鸣叫了。

二候

虎始交

此时阴气最盛，阳气开始萌动，老虎开始有交配的行为。

三候

荔挺出

荔挺是兰草的一种。感应到阳气的萌动，荔挺抽出新芽。

节气习俗

腌腊肉

腌腊肉

民间素有"冬腊风腌，蓄以御冬"的习俗。大雪节气一到，家家户户忙着腌制腊肉。新鲜猪肉码上适量的盐、茴香、花椒、八角、桂皮等香料，放入缸中腌制。七到十五天后，取出，滴干水。再选用柏树枝或柴草火慢慢熏烤，最后挂于烧柴火的灶头顶上，让烟火将肉慢慢熏干。

青城山老腊肉是四川地区极具代表性的传统风味腊肉制品。

另外，大雪节气的习俗因南北气候的差异而不同，各地还有喝红薯粥、观赏封河、大雪进补等习俗。

节气食单

红薯粥

粥可以和胃补脾，润养肺燥，是养生的绝佳选择。红薯素有"补虚乏，益气力，健脾胃，强肾阴"功效，使人长寿少疾。

①将新鲜红薯洗净，削皮切成小块。

②粳米淘洗干净，将红薯块和粳米一同放入锅内。

③加冷水煮至粥稠即可。

④红薯粥完成啦！

节气文化

节气诗词

夜雪

〔唐〕白居易

已讶①衾枕②冷，复见窗户明。

夜深知雪重③，时闻折竹声④。

【词句注释】

①讶（yà）：惊讶。
②衾（qīn）枕：被子和枕头。
③重：大，这里指雪下得很大。
④折竹声：指大雪压折竹子的声响。

【白话译文】

夜深了，惊讶地发现被子和枕头冷得像冰块，抬头看见窗外发亮，才知道原来是下雪了。这深夜里，雪下得太大了，不时传来雪把竹子压折的声音。

早梅

〔唐〕张谓

一树寒梅白玉条，迥临村路傍溪桥。

不知近水花先发，疑是经冬雪未销。

逢雪宿芙蓉山主人

〔唐〕刘长卿

日暮苍山远，天寒白屋贫。

柴门闻犬吠，风雪夜归人。

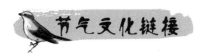
与雪有关的故事

在中国人的文化里，有许多与雪有关的风雅故事。

咏雪之才

一个寒冷的雪天，晋代名将谢安（人称谢太傅），把家人聚集在一起，跟子侄辈的孩子谈诗论文。不一会儿，雪下得很大了，太傅高兴地说："这纷纷扬扬的大雪像什么呢?"他的侄子谢朗说："撒盐空中差可拟。"他的侄女谢道韫（yùn）说："未若柳絮因风起。"太傅高兴得笑了起来。

从此，谢道韫这一咏雪名句被广为传颂，后世常称赞能诗善文的女子为"咏絮才"。曹雪芹在《红楼梦》第五回中写林黛玉和薛宝钗："可叹停机德，堪怜咏絮才"，其中"咏絮才"用的就是才女谢道韫的故事。

赏雪之痴

公元1632年，明末清初文学家张岱住在西湖，遇西湖大雪，写出了传世名作《湖心亭看雪》。

那年冬天，西湖接连下了三天的大雪，附近行人、飞鸟的声音都消失了。那天晚上，张岱穿着毛皮衣，带着火炉，撑着一叶小舟前往湖心亭看雪。湖面上冰花弥漫，天和云和山和水，从上至下都是白茫茫的一片，只能看到一道长堤的痕迹、一点湖心亭的轮廓、他的一叶小舟和舟

中的两三个人影罢了。

　　湖心亭上，只见有两个人铺着毡子相对而坐，一个童子正把酒炉里的酒烧得滚沸。他们看见张岱，非常高兴地说："在湖中怎么还能碰上您这样有闲情雅致的人呢？"就拉着张岱一同饮酒。张岱勉力喝了三大杯酒，然后和他们道别，临别才互道名姓。舟子喃喃自语：不要说相公您痴，还有和您一样痴的人啊！

雪夜访友之雅

　　东晋名士王徽之，字子猷（yóu）（王羲之的儿子），居住在山阴。一次夜里下大雪，他从睡眠中醒来，看到下雪非常欣喜，打开窗户，命令仆人斟酒来喝。四处望去，一片洁白银亮，于是一边慢步徘徊，一边吟诵着左思的《招隐诗》。忽然间想到了好朋友戴逵（kuí），当时戴逵远在曹娥江上游的剡（yǎn）县。王子猷即刻连夜乘小船前往剡县访友。经过一夜才到，到了戴逵家门前，却又转身返回。有人问他为何这样，王子猷说："我本来是乘着兴致前往，现在兴致已尽，自然返回，为何一定要见戴逵呢？"

　　下雪不冷化雪冷。

　　大雪兆丰年，无雪要遭殃。

节气实践

节气体验活动

观赏封河

"小雪封地，大雪封河。" 到了大雪节气，北方有"千里冰封，万里雪飘"的自然景观。为迎接大雪节气到来，人们往往观赏封河。和伙伴们一起去观赏封河吧——滑冰、滑雪，堆雪人、打雪仗，体验不一样的冬日风情。

节气观测

▶ **节气测量**：测量大雪节气的温度，了解气温的变化情况。连续记录一周。

▶ **节气笔记**：寒冷的冬季里，有些小昆虫还会出来活动。观察并记录下来，想想这些昆虫是怎么过冬的，查资料了解一下。

节气阅读

学唱歌曲：《堆雪人》（金复载 曲）

乐曲欣赏：《打雪》（古筝）

阅读散文：《雪》（鲁迅）

《湖心亭看雪》（明末清初）张岱——诗人心中有一个春天，他笔下的西湖就春意盎然；诗人心中有一份柔情，他笔下的西湖就温柔缠绵。可是，如果诗人的心中寒冰一片，他笔下的西湖会是什么样的呢？

冬至是"二十四节气"中的第二十二个节气，也是24节气中最早制定出的一个节气。每年公历12月21、22或23日，太阳运行至黄经270°时，进入冬至节气。

　　《月令七十二候集解》："冬至，十一月中。终藏之气至此而极也。"古人认为，冬至是阴阳二气的自然转化，有"冬至阳生春又来"之说。对于北半球的居民来说，冬至这天是白天最短、黑夜最长的一天。

dōng zhì
冬至

甲骨文	金文	小篆	楷书		甲骨文	金文	小篆	楷书
			冬					至

　　"至"字上面部分表示"箭"，最下面的一横表示地面，指远处的箭落到眼前的地面上。

一候

蚯蚓结

　　蚯蚓在地下被冻得僵成一团，蜷曲着好像绳结。

麋角解

麋（mí，俗称"四不像"）角朝后生属阴。冬至阳气开始复生，阴阳对峙，导致麋角脱落。

三候

水泉动

阳气初生，山中的泉水可以流动并且温热，地下的井水开始向上冒出热气。

节气习俗

拜师

拜师

"冬至大如年。"在古代，人们非常重视这个节气。冬至有祭天祭祖、吃馄饨或赤豆饭的习俗。其中，冬至拜师历史悠久。

冬至在某种意义上是中国传统的教师节。古代私塾众多，中国自古尊师重道，在冬至这一天，老师会带领学生拜孔子，然后由学生拜老师。学生们也会专门拜师，为自己的老师送上一些礼品。

此外，冬至还有数九、吃饺子等习俗。

节气食单

羊肉汤

按照旧俗，四川人在冬至不吃饺子，一入夜，全家团聚，喝羊肉汤。双流黄甲镇的麻羊、成都简阳的羊肉汤，尤其受到人们的喜爱。

①鲫鱼拿纱布包好，和羊肉棒子骨、羊肉一起小火熬汤。

②羊肉熟后捞起切片，汤继续熬，熬至发白。

③热锅爆香羊肉后，放入盐、胡椒、茴香粉。

④再加入熬好的汤，煮开，起锅。配小米辣蘸水。

小至①

〔唐〕杜甫

天时人事日相催，冬至阳生春又来。

刺绣五纹②添弱线③，吹葭④六琯⑤动浮灰。

岸容待腊⑥将舒柳，山意冲寒欲放梅。

云物⑦不殊⑧乡国异，教儿且覆⑨掌中杯。

【注】

①小至：冬至前一日，也有人认为指冬至后一天。

②五纹：五色彩线。

③添弱线：古代女工刺绣。

④葭（jiā）：初生的芦苇，诗中指代芦苇内膜烧成的灰。

⑤六琯（guǎn）：古代乐器，亦作六管，指用玉制成的确定音律的律管，六孔，像笛子。

⑥腊：腊月。

⑦云物：景物。

⑧不殊：没有区别。

⑨覆：倾，倒。

【白话译文】

四时变幻，人事更替，转眼又到了冬至。冬至后天气回暖，春天也快到来。

白日渐长，刺绣姑娘添丝加线（赶做迎春的新衣），芦管吹灰则知冬至已到。

腊月到来，岸边的柳树将要舒展枝条，抽出新叶；山中的蜡梅即将冲破寒气，傲然绽放。

他乡之景与故乡没有什么不同。所以，我叫小儿子干尽杯中酒（不要辜负了眼前的良辰美景）。

苦寒吟（节选）

〔唐〕孟郊

天寒色青苍，北风叫枯桑。

厚冰无裂文，短日有冷光。

冬至日独游吉祥寺

〔宋〕苏轼

井底微阳回未回，萧萧寒雨湿枯荄^{gāi}。

何人更似苏夫子，不是花时肯独来。

数九

"数九"是中国民间一种计算寒天和春暖花开日期的方法。传统上，从冬至逢壬日开始"数九"，这一天为"一九"的第一天，以后每九天一个阶段，代表寒冷程度的加深，直到九九数完，总共81天。这81天叫作数九、冬九九、数九寒天。九九中，"三九四九"最冷。

在中国传统文化里，"九"代表着最大、最多、最长久，九个九即八十一更是"最大不过"之数。

为挨过漫漫长冬，我们的祖先用了许多方法来消遣。

数九 中国民间广为流传的冬至"九九消寒歌"，俗称"九九歌"，生动形象地记录了冬至到来年春分之间的气候、物候变化情况，同时也表述了农事活动的一些规律。

一九二九不出手，

三九四九冰上走，

五九六九，沿河看柳，

七九河开，八九燕来，

九九加一九，耕牛遍地走。

画九 明代开始有"画九"的习俗。即在冬至日时，画一枝素梅，八十一个花瓣，每天用红色涂染一个花瓣，所有花瓣都涂完时，九九也

就数完，春天到来了。也有人在白纸上画九枝寒梅，每枝九朵梅花，一枝对应一九，一朵对应一天，每天根据天气情况用特定的颜色填充一朵梅花。这就是"九九消寒图"。

写九　清代有"写九"的习俗。用九个九笔的字组成一句诗，往往是"庭前垂柳珍重待春风"或是"春前庭柏风送香盈室"九个繁体字，双钩成一幅字，从"一九"第一天开始，用粗毛笔填写，每天填一笔，九个字填完正好八十一天。每天填完一笔后，还可在笔画上记录当日天气情况，或者根据天气的不同，选用不同颜料来填涂，晴则为红，阴则为蓝，雨则为绿，风则为黄，雪则为白。所以，一幅"写九"，也是一套较详细的气象资料。

节气谚语

吃了冬至饭，一天长一线。

冬至萝卜夏至姜，适时进食无病痛。

画"九九消寒图"

▶ 冬至来临之日，画一幅"九九消寒图"，开始记录数九天的天气变化情况吧，体会一下古人的冬至雅趣。看看谁能坚持下去。

送一份冬天的礼物

▶ 冬至这天，小朋友可以和家人一起吃一顿热乎乎的美味佳肴，再将自己动手编织的围巾、手套送给长辈，或者用自己的零花钱为长辈买一双温暖的袜子，表达自己对长辈的敬意。

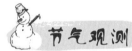

▶ **节气测量**：测量冬至节气的温度，了解气温的变化情况。连续记录一周。

▶ **节气笔记**：冬至时节，月季花结出了红红的果实，金橘已经嫩黄嫩黄的了，观察身边的植物，画一画它们的样子。

欣赏乐曲：《冬》（民乐合奏）

朗读诗歌：《雪花的快乐》（徐志摩）

阅读散文：《冬天》（朱自清）——朱自清笔下的冬天，看似清淡的画面中，有一股暖流，把父子之爱、朋友之谊和夫妻之情写得至性深情。

xiǎo hán
小寒

　　小寒，是"二十四节气"中的第二十三个节气。每年公历1月5、6或7日，太阳到达黄经285°时，进入小寒节气。

　　《月令七十二候集解》记载，小寒是"十二月节。月初寒尚小，故云。月半则大矣"，意思是月初时还不是特别冷，所以称为小寒。过了半月，到大寒时就冷到极点了。农谚"大寒小寒，冻成一团"，即是说的这种现象。

节气概述

节气字源

甲骨文	金文	小篆	楷书
丷	八	川	小

金文	小篆	楷书
寒	寒	寒

金文的"寒"字由四个部分组成。最上面是房屋，最下面是两块冰。人躲进屋子，寒从脚下起，脚已被冻得冰凉，赶紧在屋内铺上厚厚的草。

节气三候

一候

雁北乡

南飞过冬的大雁感受到阳气回转，开始慢慢往北方飞回。

鹊始巢

　　天气寒冷，喜鹊开始筑巢，为繁育后代做准备。

雉始雊

　　雉，指野鸡。雊（gòu），野鸡的叫声。野鸡感受到阳气的滋长而鸣叫求偶。

节气习俗

腊八节

小寒节气前后有一个重要的民俗节日——腊八节。这天要进行"腊祭"（祭神、敬佛、祭祀祖先），以祈求神灵、佛祖、先人庇佑。

腊八节，本身是个传统节日，又是年节的前奏，可以说腊八节拉开了春节的序幕。民谣曰："腊八腊八，小孩要炮，姑娘要花。"从这天起，人们就开始置办年货，迎接一年一度的新春佳节了。

除此以外，小寒还有"吃菜饭""吃黄芽菜""探梅""吃糯米饭"等习俗。

腊八饭

节气食单

腊八粥

腊八这一天，民间有喝腊八粥的习俗。据说这个习俗是用来祭祀祖先和神灵、祈求丰收和吉祥的。

制作方法

①桂圆、白果、花生、核桃、枸杞、红枣、葡萄干、糙米等材料提前浸泡一夜。

②砂锅中加水，倒入全部食材，熬到黏稠为止。

③出锅前根据口味放适量冰糖即可。

④腊八粥完成啦！

节气诗词

山园小梅（其一）

〔宋〕林逋（bū）

众芳摇落独暄妍（xuān yán）①，占尽风情向小园。

疏影横斜②水清浅，暗香浮动③月黄昏。

霜禽④欲下先偷眼，粉蝶如知合⑤断魂。

幸有微吟可相狎（xiá）⑥，不须檀板（tán）⑦共金樽（zūn）⑧。

【词句注释】

①暄妍（xuān yán）：明媚美丽。

②疏影横斜：指梅花疏疏落落，枝干横斜投在水中。

③暗香浮动：梅花散发的幽香在空中飘动。

④霜禽：白色的鸟，这里指冬天不畏严寒的白鹤、白鹭等鸟。

⑤合：应该。

⑥狎（xiá）：这里是亲近的意思。

⑦檀（tán）板：用檀木做的拍板,唱歌时用以击节伴奏。这里泛指乐器。

⑧金樽（zūn）：酒杯的美称。这里代指饮酒。

【白话译文】

百花凋零，唯有梅花迎着寒风灿然盛开，那明媚的姿态把小园的风光占尽。

（梅花）疏疏落落，枝干横斜在清浅的水面，清幽的芬芳漂浮于黄昏后的月色中。

梅花迷人的姿态吸引了纷飞的禽鸟，它们落下只为偷看梅花一眼；蝴蝶如果知道梅花的娇美，应该会失魂销魄。

幸运的是，我可以低声吟唱，和梅花静静相亲，不用乐器相伴，无须宴饮热闹。

王充道送水仙花五十枝欣然会心为之作咏

〔宋〕黄庭坚

凌波仙子生尘袜，水上轻盈步微月。

是谁招此断肠魂，种作寒花寄愁绝。

含香体素欲倾城，山矾是弟梅是兄。

坐对真成被花恼，出门一笑大江横。

寒夜

〔宋〕杜耒（lěi）

寒夜客来茶当酒，竹炉汤沸火初红。

寻常一样窗前月，才有梅花便不同。

二十四番花信风

每年冬去春来，从小寒到谷雨这八个节气里，共有二十四候，每候都有对应的某种花卉绽蕾开放，于是就有了"二十四番花信风"之说。

花信风，指应花期而来的风。因为是带有开花音讯的风候，所以叫信风。人们挑选一种花期最准确的花为代表，叫作这一节气中的花信风，记载花事的同时也表示气候的变换。

南朝宗懔《荆楚岁时记》云："凡二十四番花信风，始梅花，终楝（liàn）花。"顺序为：

小寒：一候梅花、二候山茶、三候水仙；

大寒：一候瑞香、二候兰花、三候山矾；

立春：一候迎春、二候樱桃、三候望春；

雨水：一候菜花、二候杏花、三候李花；

惊蛰：一候桃花、二候棣棠、三候蔷薇；

春分：一候海棠、二候梨花、三候木兰；

清明：一候桐花、二候麦花、三候柳花；

谷雨：一候牡丹、二候荼蘼、三候楝花。

　　二十四番花信风，是我国古代人民对江南地区物候现象细致观察的总结，常多见于诗词戏曲。宋周辉《清波杂记》卷九："江南自初春至首夏，有二十四番风信，梅花风最先，楝花风居后。"严寒中，梅开百花之先，独天下而春。而荼蘼（tú mí）花、楝花则是春天最后的花，开得最晚，有苏东坡诗"荼蘼不争春，寂寞开最晚"为证。在《红楼梦》中，作者也引用了王淇的"开到荼蘼花事了，丝丝天棘出莓墙"一句，烘托了颓败凄凉的氛围，隐喻了美好时光的消逝。可见荼蘼花开时，已是春末夏初，一年的春花花季结束之时。至此，花事已了，以立夏为起点的夏季便来临了。

　　俗话说："花木管时令，鸟鸣报农时。"在民间有许多农谚是反映物候的，如"桐子树开花，霜雪不再落""桃花开，燕子来，准备谷物下田畈"。二十四番花信风不仅反映了花开与时令的自然现象，更重要的是可以利用这种现象来掌握农时、安排农事。

节气谚语

　　　　腊月大雪半尺厚，麦子还嫌被不够。

　　　　小寒胜大寒，常见不稀罕。

节气实践

节气体验活动

煮腊八粥

▶ 腊八粥里，满是中国人对美好生活的心愿：核桃代表和和美美，桂圆象征富贵团圆，栗子表示大吉大利……读一读沈从文笔下的《腊八粥》，学着做一碗腊八粥。

赏蜡梅

▶ 蜡梅，属蜡梅科，和蔷薇科的梅并不相同。去蜡梅盛开的地方赏梅，别忘了探究一下蜡梅与梅的不同。

节气观测

▶ **节气测量**：测量小寒节气的温度，了解气温的变化情况。连续记录一周。

▶ **节气笔记**：水仙别名"凌波仙子"。每年的小寒节气，只需一盆清水，它便能在最寒冷的季节里吐露芬芳。养一盆水仙，观察记录它的生长过程吧。

节气阅读

乐曲欣赏：《寒春风曲》（二胡独奏）

阅读绘本：《香香甜甜腊八粥》（张秋生）

阅读散文：《成都物候记·蜡梅》（阿来）

《腊八粥》（沈从文）——芳香弥漫的腊月时分，品一碗热乎乎的腊八粥，读作家笔下的"腊八佳作"，别有一番滋味。

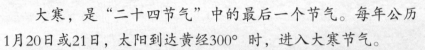

大寒，是"二十四节气"中的最后一个节气。每年公历1月20日或21日，太阳到达黄经300°时，进入大寒节气。

大寒，是天气寒冷到极点的意思。这时寒潮南下频繁，古人认为大寒是一年中最冷的时节。但实际在气象记录中，小寒往往比大寒还冷。"过了大寒，又是一年"，立春即将到来。地球绕着太阳公转一圈，完成了一个循环。

节气概述

节气字源

甲骨文	金文	小篆	楷书		金文	小篆	楷书
大	大	大	大		寒	寒	寒

　　金文的"寒"字由四个部分组成。最上面是房屋，最下面是两块冰。人躲进屋子，寒从脚下起，脚已被冻得冰凉，赶紧在屋内铺上厚厚的草。

节气三候

一候

鸡始乳

　　乳，指产卵。鸡提前感知到春天的气息，开始产卵孵化小鸡。

二候

征鸟厉疾

征鸟，指鹰隼（shǔn）等猛禽。鹰隼之类的鸟为了度过严冬，忙于捕食，动作迅猛。

三候

水泽腹坚

水中的冰一直冻到水中央，而且坚实，上下都冻透了。

节气习俗

祭灶

灶王爷

大寒是个充满了喜悦与欢乐的节气。在这个节气，人们开始忙着写春联、剪窗花，赶集买年画、买鞭炮等，为春节作准备。

大寒期间，农历腊月廿三为祭灶节，自然少不了祭灶的习俗。传说这一天灶王爷要上天向玉皇大帝汇报人们一年来的表现，于是人们会把麦芽糖融化了，涂在灶王爷的嘴巴上，让灶王爷多为人们说甜甜的话，让他"上天言好事，下界保平安"。

另外，大寒节气还有迎灶神、迎年、尾牙祭等习俗。

节气食单

小炒腊肉

腊肉肉质红亮，咸鲜适度，具有独特的烟熏风味。川渝一带，对腊味情有独钟。

制作方法

①煮好的腊肉切片，青椒、小红尖椒洗净切段，蒜苗切段待用。

②热油锅，爆香姜丝、小红尖椒。

③下腊肉片，翻炒均匀。最后下蒜苗、青椒。

④小炒腊肉完成啦！

节气文化

节气诗词

卜算子·咏梅

〔宋〕陆游

驿外①断桥边，寂寞开无主②。已是黄昏独自愁，更著③风和雨。

无意④苦⑤争春，一任⑥群芳妒。零落成泥碾⑦作尘，只有香如故。

【注】

①驿（yì）外：指荒僻、冷清之地。

②无主：没有人照管，自生自灭。

③更著（zhuó）："著"同"着"，遭受之意；更著:又遭到。

④无意：不想，没有心思。

⑤苦：竭尽全力。

⑥一任：听凭，不在乎

⑦碾（niǎn）：轧碎。

【白话译文】

　　荒凉、冷清的驿站外，一簇梅花独自开放在断桥旁，孤孤单单，无人欣赏。梅花在黄昏里独处已够愁苦，却又遭受到风雨吹打。

　　一任百花嫉妒，梅花却无意与它们争享春光。即使花瓣飘落入泥，碾作尘土，它的芬芳依然留在人间。

卜算子·咏梅

毛泽东

风雨送春归，飞雪迎春到。已是悬崖百丈冰，犹有花枝俏。

俏也不争春，只把春来报。待到山花烂漫时，她在丛中笑。

大寒吟

〔宋〕邵雍

旧雪未及消，新雪又拥户。

阶前冻银床，檐头冰钟乳。

清日无光辉，烈风正号怒。

人口各有舌，言语不能吐。

中国人的梅花文化

梅，蔷薇科、杏属小乔木，花期冬春季，果期5~6月。种植地域广泛，有绿萼、垂梅、杏梅、樱李梅等众多品种。

中国是梅树的原产地，河南安阳殷代墓葬中出土的铜鼎里，发现了一颗梅核，距今已有三千二百年的历史。《诗经》中"摽（biào）有梅，其实七兮。求我庶士，迨其吉兮"讲的是"抛梅求婚"的故事，到春秋战国时期爱梅之风已盛，那时人们已从采梅果过渡到赏梅花，"梅始以花闻天下"。

梅花作为"四君子"之首，"岁寒三友"之一，在百花凋谢、飞雪飘零的季节，独自在寒风中绽放属于自己的美丽。

中国人偏爱梅花，是因为梅花身上有两个特质：一是凌寒不屈，二是清香高洁。梅花傲视冰雪的气质，与文人自身的清高与坚韧品质相类似。陆游称赞梅"花中气节最高坚"，俨然梅的知音、梅的化身。鲁迅也曾篆刻"只有梅花是知己"的石印，抒发自己的高洁情操。

"万花敢向雪中出，一树独先天下春""宝剑锋从磨砺出，梅花香自苦寒来""不经一番寒彻骨，怎得梅花扑鼻香""已是悬崖百丈冰，犹有花枝俏"，这些诗词，点赞的是梅花凌寒不屈的品质。

"不要人夸颜色好，只留清气满乾坤""遥知不是雪，为有暗香来""零落成泥碾作尘，只有香如故""梅须逊雪三分白，雪却输梅一段香"，这些诗词，点赞的是梅花清香高洁的气质。

可以说，梅花就是高洁、坚韧、卓尔不群的象征。"傲雪凌霜""傲骨梅无两面枝"等，既是梅花，也是中国士大夫人格的完美体现。

节气谚语

大寒到顶点，日后天渐暖。

大寒见三白，农人衣食足。

节气实践

节气体验活动

赏梅——闻梅识陆游

陆游一生爱梅、咏梅、以梅自喻。晚年回忆当年在成都策马西郊，被梅花深深陶醉的情景，有感而发，写下"当年走马锦城西，曾为梅花醉似泥。二十里中香不断，青羊宫到浣花溪"的诗句，表达了对成都的眷恋与思念。那么，这个冬季，循着梅香，去认识陆游吧。大家还可以比一比，谁会背的梅花诗最多，玩一玩"飞花令"，又是一大乐事呢！

节气观测

▶ **节气测量**：测量大寒节气的温度，了解气温的变化情况。连续记录一周。

▶ **节气笔记**：梅花大致可分为花梅和果梅两种，观察身边梅花的形态、颜色，查一查它是什么品种。选择你最喜欢的一种梅花，用写绘的形式介绍给大家。

节气阅读

学唱歌曲：《元日》（谷建芬 曲）
乐曲欣赏：《梅花三弄》（古筝）
阅读绘本：《北京的春节》（文/老舍 图/于大武）
阅读散文：《济南的冬天》（老舍）——我们都领教过"寒冬"的淫威。然而，济南的冬天却非但没有一副严酷的面孔，反倒是那么笑容可掬、慈善可亲。

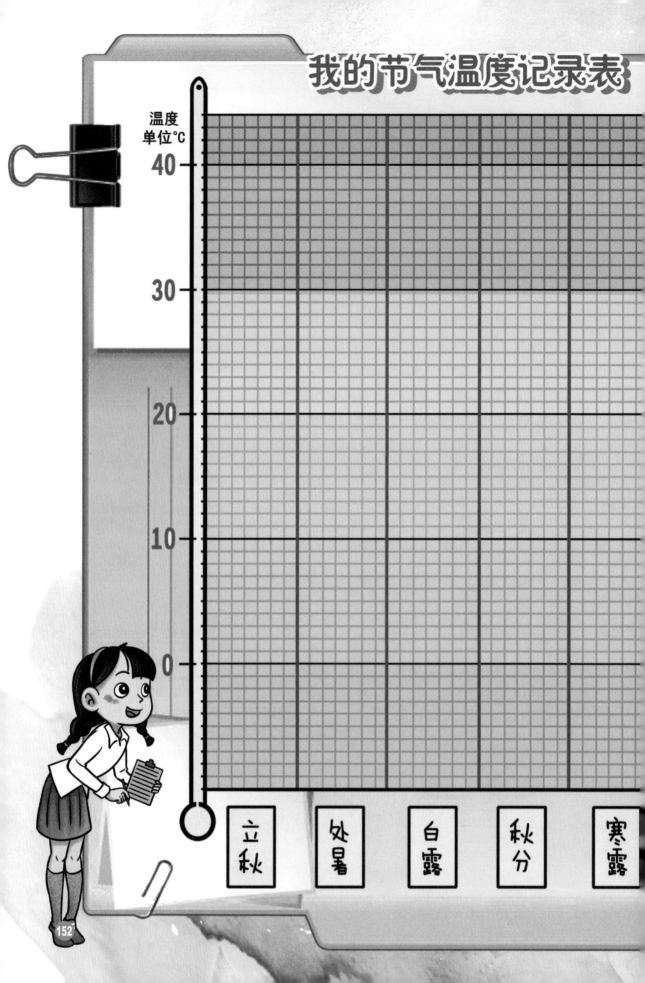

我的节气温度记录表

温度
单位°C

40

30

20

10

0

立秋　处暑　白露　秋分　寒露

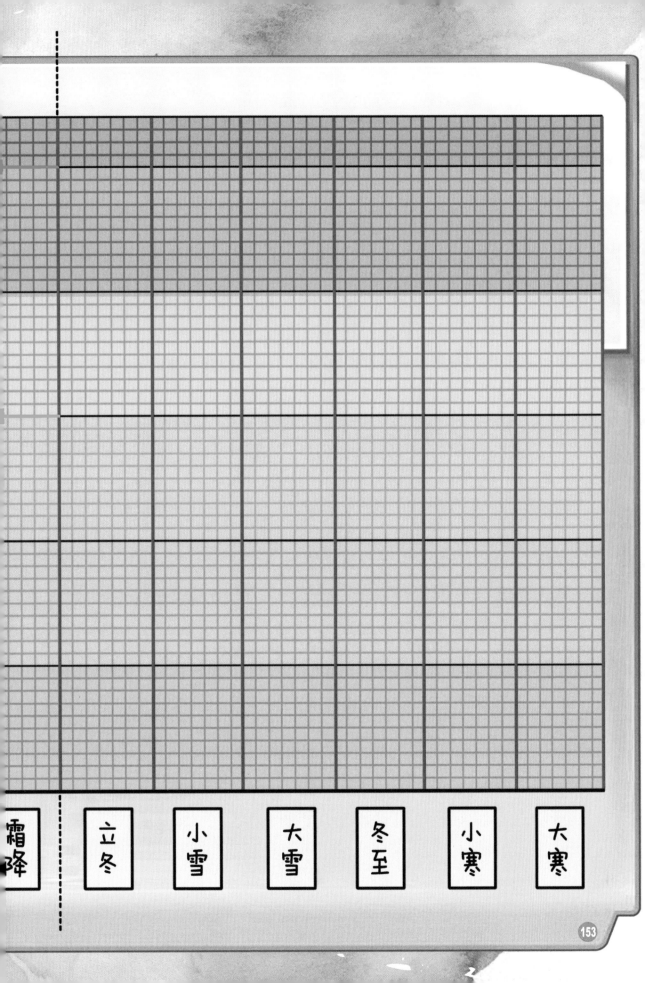

霜降　　立冬　　小雪　　大雪　　冬至　　小寒　　大寒

后记
HOUJI

从十年前的节气诵读课程起步，到2015年10月立项开展"节气里的乡土中国文化研究"课题研究，再到2016年4月获批为成都市哲学社会科学规划课题，我们的节气课程研究逐步从感性走向理性，从典籍故纸转向本土化和当代化，将文学、科学、艺术、社会等学科相融合，将天府学堂研究性学习、社会实践和立德树人相结合，以期传承中华优秀传统文化，培育和践行社会主义核心价值观。《你好，二十四节气》即是课题历时数年的衍生成果。

我们以农历二十四节气为线索，带着孩子们从立春开始，跨越春夏秋冬，从室内走向户外，从城市走向郊外：春分，食荠菜、放风筝；立夏，斗蛋、称人、逮蝼蛄；白露，收集清露，喝一口自制的白露茶；小寒，踏雪寻梅，熬一锅稠浓的腊八粥……就这样，在节气民俗活动的体验中，在节令食品的烹饪中，在节气诗词的熏陶中，在节气物候的观测中，孩子们逐步建立起生活的仪式感，逐渐过上了有季节感的生活。孩子们体会了对自然、生命的敬畏和欢喜，懂得了责任和感恩，真正爱上了节气、爱上了家乡、爱上了中国文化。

我们有理由相信，充盈着科学雨露、洋溢着文化馨香的二十四节气，既是我们的居家日常，也是我们的诗和远方。

我们也希望，有更多的老师，在自己的教室里，让二十四节气课程，以更新的姿态得以开启。

本书由"节气里的乡土中国文化研究课题组"成员编写。其中：李建萍等负责审稿，瞿凤等负责统稿，瞿凤、吴涛华、谭琼、洪敏等分别负责编写春、夏、秋、冬四季节气，周玉刚参与编写节气观测，万里燕参与编写节气音乐。本书封面、封底和章节插画由木壳人绘制，节气组图、三候、食单等插画由曹磊绘制，国画插画由师艺绘制。在编写过程中，中共成都市委宣传部、成都市教有局以及成都高新区基层治理和社会事业局的领导给予了大力支持，成都市教育科学研究院的罗良建、罗晓辉、常利梅等教研员对本书给予了专业指导。在此，我们一并表示衷心感谢。如有疏漏错误，乞待读者匡正。

编者

2020年春于成都